新编21世纪职业教育精品教材

U0853180

职业素养
训练与提升

顾　问　汪永智
主　审　吴强辉
主　编　文　娟　吴婷婷　段珑玉
副主编　裴昌龙　谢桂芬　黄建裕
参　编　余飘飘　曾　敏　廖婉婷　黄万敏
　　　　刘　晓　谭秀媚　贺　榕　余　浪
　　　　林海霞　梁　佳

中国人民大学出版社
·北京·

图书在版编目（CIP）数据

职业素养训练与提升 / 文娟，吴婷婷，段珑玉主编
. --北京：中国人民大学出版社，2023.3
新编 21 世纪职业教育精品教材
ISBN 978-7-300-31464-8

Ⅰ.①职… Ⅱ.①文… ②吴… ③段… Ⅲ.①职业道德-职业教育-教材 Ⅳ.①B822.9

中国国家版本馆 CIP 数据核字（2023）第 029992 号

新编 21 世纪职业教育精品教材
职业素养训练与提升
顾　问　汪永智
主　审　吴强辉
主　编　文　娟　吴婷婷　段珑玉
副主编　裴昌龙　谢桂芬　黄建裕
参　编　余飘飘　曾　敏　廖婉婷　黄万敏　刘　晓
　　　　谭秀媚　贺　榕　余　浪　林海霞　梁　佳
Zhiye Suyang Xunlian yu Tisheng

出版发行　中国人民大学出版社
社　　址　北京中关村大街 31 号　　　　邮政编码　100080
电　　话　010－62511242（总编室）　　010－62511770（质管部）
　　　　　010－82501766（邮购部）　　010－62514148（门市部）
　　　　　010－62515195（发行公司）　　010－62515275（盗版举报）
网　　址　http://www.crup.com.cn
经　　销　新华书店
印　　刷　唐山玺诚印务有限公司
开　　本　787 mm×1092 mm　1/16　　　版　　次　2023 年 3 月第 1 版
印　　张　12　　　　　　　　　　　　印　　次　2023 年 3 月第 1 次印刷
字　　数　282 000　　　　　　　　　　定　　价　36.00 元

PREFACE | 序

职业素养是影响职业生涯成败的关键因素，是个人职业发展的基础，是学生融入职场的金钥匙。拥有良好职业素养的人，会在职场上少走很多弯路。当前，有些毕业生对职业素养的认识不足，欠缺良好的职业素养，导致其无法胜任工作。

从宏观角度看，职业素养的综合能力是国家文化和经济软实力的体现。近年来，国家对职业教育非常重视。2022 年 4 月全国人民代表大会常务委员会第三十四次会议通过《中华人民共和国职业教育法》修订，体现了新时代党和国家对职业教育的高度重视，也体现了全社会对职业教育的高度认可，同时也引发了社会各界对职业素养重要性的深度思考。

如何帮助即将进入职场的学生树立正确的职业素养意识，为他们培养良好的职业素养技能，是当前许多职业院校教育教学的重点和难点。对职业教育者和职业院校学生来说，有一本能够帮助培养学生有效提升职业素养的实用教材，无疑是一大喜讯。

这本《职业素养训练与提升》由职业教育专家牵头带领众多有着丰富职业素养课程教学实践经验的一线教师编写而成。教材从职业素养案例、职业素养提升方法、训练活动等多角度出发，理论与实践相结合，对于提升学生职业素养有着极大的指导性和参考性。

我们对学生进行职业素养教育，应该是师生双方共同建构的、激发学生主体性和创造性的有目的活动。广大职业教育者可以本教材为参考、借鉴，在实践中多思考、多总结、多运用，提炼出更多具有时代性、创新性、实效性的职业素养提升方法，帮助学生“坚定职业信念、培养职业道德、修炼职业行为、提升职业技能”，从而推动职业教育高质量发展，提高劳动者职业素质，促进就业创业，推进社会主义现代化建设。

汪永智

2023 年 3 月

（汪永智，教授，中国职教学会德育工作委员会副主任兼班主任工作与师德建设研究中心主任、广东省中等职业学校德育研究与指导中心主任）

PREFACE | 前言

2021年4月，全国职业教育大会在北京召开，会上传达了习近平总书记的重要指示：加快构建现代职业教育体系，培养更多高素质技术技能人才、能工巧匠、大国工匠。那么，工匠精神是什么？它是人们在长期的物质生产过程中形成的一种职业素养和职业品质。那么，职业素养又是什么呢？它是人类在社会活动中需要遵守的行为规范，包括职业信念、职业道德、职业行为、职业技能。

本书以党的二十大精神为指导，立足于未来进入职场的准职业人，围绕“职业素养训练与提升”这一主题，共设置了五章，第一章介绍了职业素养的内涵、构成和作用等，后四章从“坚定职业信念”“培养职业道德”“修炼职业行为”“提升职业技能”四个方面展开，共介绍了12种具体的职业素养。

本书具有以下特点：

第一，素养主题针对性强。从职业院校的学生成长为职业人是一个很有挑战的过程，很多刚毕业进入职场的学生对职场行为准则、个人素养要求等方面认知缺乏，缺少必备的职业素养，以致常常遇到各种困难。本书针对这些问题，根据职业教育规律，充分考虑职业院校学生的特点，借鉴企业管理实践经验，深入浅出地阐述了提升12种职业素养的策略和训练方法，针对性强，并增加了其他教材鲜少提及的高效执行、应变抗压等职业素养内容，具有现实指导意义。

第二，内容富有思政特色。本书积极融入思政内容，把“做人做事的基本道理、社会主义核心价值观的要求、实现民族复兴的理想和责任”融入职业素养能力训练与提升的全过程。全书案例以新时代的大国工匠、职场故事为主，希望通过先进事迹、优秀人物的引领作用，培养未来职场人的家国情怀。

第三，篇章设计科学合理。本书围绕职业素养核心内容，以学生未来职场发展为导向，结合学生认知特点，科学合理地设计各章节内容。本书体例新颖，重视知识的应用性，以案例、拓展活动等形式，深入浅出地介绍了职业素养的内涵、作用、策略，有效帮助学生提升职业素养。

此外，本书还邀请学生团队参与插图制作，全部插图皆由学生独立完成。插图内容形象生动，紧密配合教材内容，积极弘扬社会主义核心价值观，彰显新时代精神。插图表意清晰，造型真实、简洁，符合心理认知和审美特点，有助于学生理解教材内容，有利于激发学生学习兴趣及创新潜能。在此感谢赖俊宏、赵仪、邓龙梅、马心瑶、方文希、杨晓东、周璐、黄伊琪、赖少宇、李倩妞、陈柏璋、李静滢等同学的辛勤付出。

本书编者都是担任多年职业素养课程教学的教师，他们有着丰富的一线教学经验，从而确保了本书的编写质量。

本书可以作为全日制大中专院校教学用书，也是广大即将步入职场人士的理想参考用书。

由于编者经验有限，书中难免存在不足之处，恳请各位专家、同行给予批评指正。

编者

2023 年 1 月

CONTENTS | 目录

第一章

初识职业素养

第一节 职业素养知多少

目标导读

知识目标：了解职业素养的内涵、分类、特征以及职商。

能力目标：在日常学习和生活中，主动培养自我职业素养。

素养目标：增强提升职业素养对于个人和国家非常重要的认知，愿意提升个人职业素养，将个人发展融入国家发展中。

自我职业素养探索

你的"职商"是多少？①

指导语：对下列题目，请结合自身情况，选出最适合自己的选项，然后根据测量题后面的计分方法计算分数，即可了解自己的"职商"情况。

1. 每天临出门前，你面对镜子：

A. 前后左右仔细打量一番，看看自己的打扮是否得体。

B. 露出一个大大的笑脸，鼓励一下自己。

C. 匆匆路过镜子，稍微看一下自己是否还睡眼惺忪。

D. 根本没有心情照镜子，经常找不到镜子在哪里。

2. 你每天整理自己仪容的情况是：

A. 大约每两小时一次，时刻保持自己的职业形象。

B. 午餐的时候找个时间做个整理。

C. 除非要出席重要的场合或出现意外情况，否则不会抽出空闲搞这些。

D. 根本就不会顾及这方面的事情。

3. 你现在愿意改变工作方式在家办公吗？

A. 不会，不希望自己脱离主流职场而被边缘化。

B. 似乎有些吸引力，但是我还是不会选择，我需要和社会保持密切接触。

C. 无所谓吧，我随便，依工作性质而定。

D. 积极倡导，在家办公自由、无拘束，正是我的梦想。

---

① 你的"职商"是多少？[EB/OL].（2017-06-07）[2023-03-09]. https://mp.weixin.qq.com/s/Otluyn-su5bIyzRB1DlXJtQ. 有改编.

4. 工作时，你经常打电话或者上网找人聊天吗？
A. 这怎么可能，我工作都忙不过来呢！
B. 偶尔吧，空闲的时候可能会打个电话，多半有私事。
C. 有空就打电话或上网。
D. 每天有一半甚至更多的时间泡在网上聊天。
5. 你的办公桌上摆着：
A. 钟。
B. 植物。
C. 照片或玩具。
D. 除了文件什么都没有。
6. 工作时你会陷入空想，将工作搁置下来吗？
A. 从来没有，我是个实干家。
B. 偶尔，当我太累的时候，可能会不自觉地发发呆。
C. 有时候会突然陷入空想，但还不算太频繁。
D. 经常陷入空想，几乎不能自我控制。
7. 走在路上，你听到有钥匙掉落在地上的声音，你的直觉告诉你那是：
A. 错觉，我这么严谨，不会遗落东西的。
B. 一把钥匙。
C. 两三把钥匙。
D. 一大串钥匙。
8. 和上司一起参加一个社交活动，你会：
A. 无拘无束，很豪放，尽量表现自己的“八面玲珑”。
B. 开始时可能略有矜持，但礼仪得当，能营造出和谐融洽的气氛。
C. 害羞，有些不知所措，但仍然能够主动打招呼或说话，融入气氛。
D. 十分谨慎，感到很不合群，几乎不太说话。
9. 年终发红利的时候，你：
A. 很开心，又可以请客户大玩一通了。
B. 对红包的厚度十分自信，这下要好好慰劳一下自己了。
C. 紧张得像看成绩单，打开之前心里忐忑不安。
D. 完全提不起兴趣。
10. 当你和上司的意见不一致时，你会：
A. 据理力争，坚定地表达自己的立场，并且不自觉地提高音量。
B. 以柔克刚，尽量提出双方都能接受的解决方法。
C. 持续争辩，如果不行就保持沉默，一切让老板决定。
D. 老板那么凶，我根本不敢和他提出会引起争议的问题。
11. 如果总经理越过你的顶头上司直接向你布置任务的话，你会：
A. 尽善尽美地完成，牢牢抓住这个表现的机会。

B. 谦逊地向顶头上司请教，并将功劳的一半分给顶头上司。
C. 直接推给顶头上司。
D. 大肆宣扬，借以炫耀自己受到了总经理的器重。
12. 遇到同事在你面前议论其他同事长短，你会：
A. 表现出厌恶，可能会粗暴地打断他。
B. 继续手中的工作，并婉转提醒他现在是工作时间。
C. 虽然不发表意见，但也感到好奇，暂停工作听他说。
D. 很有兴趣，并和他一起展开议论。
13. 遇到有异性同事开过头的玩笑时，你会：
A. 这样的事情司空见惯，跟着一起开玩笑，谁怕谁啊！
B. 用委婉的方式表达自己的不悦，让对方停止但也不伤和气。
C. 忍气吞声，勉强也跟着笑两下。
D. 立刻翻脸，不留一点情面。
14. 假如你已步入职场，最常和你一起吃晚餐的是：
A. 上司。
B. 客户。
C. 同事。
D. 家人。
15. 如果你在事业上非常成功，但常常觉得工作压力很大，你会：
A. 运动，彻底放松一下。
B. 学做个小菜，给爱人一个惊喜。
C. 卸下工作时的模样，换张脸，出去和朋友疯狂。
D. 整理房间，上上网，顺便为自己的发展找条后路。
16. 对培训、集体旅游、奖金等公司福利，你的看法是：
A. 我更愿意公司送我到国外进行培训，我很想进一步“充电”。
B. 旅游和健身我都很喜欢，陶冶情操、锻炼身体，还可以学到很多东西。
C. 不管是什么福利，公司提供的就要充分享受。
D. 要什么福利，还不如兑换成现金呢。
17. 对于各种测试，你通常：
A. 不屑一顾，觉得那都是骗人的把戏。
B. 有时候测着玩玩，怀着美好的期望，但也不被结果所左右。
C. 虽然嘴上说不相信，但情绪很受结果的影响。
D. 只要是这类测试都做，信则有，不信则无！
18. 你有没有多次做同一个梦？
A. 从来没有，我很少做梦。
B. 好像有过，但是记不清楚。
C. 明确记得有过，感觉很诡异。

D. 经常做同一个梦，感到很疑惑，有时也会害怕。

19. 冬天又到了，你对冬天经常有的感觉是：

A. 年终又到了繁忙期，工作一定要安排妥当才行。

B. 白雪飘飘，美不胜收，只是下雪了容易塞车迟到。

C. 就一个字——“冷”。

D. 我讨厌冬天，心情和天气一样阴冷。

【计分方法】

累计计分，选择 A 项计 8 分，选择 B 项计 5 分，选择 C 项计 3 分，选择 D 项计 1 分。

【你的总分】________________

【结果分析】

121～152 分　你是个工作狂，是典型的职业强人。建议你不妨轻松一下，你需要多彩的生活，这样才会越活越精彩。

93～120 分　你的“职商”很高，完全能够胜任目前的工作。你是个聪明能干的人，并且懂得爱惜自己。但是，你能否实现个人价值要看运气。

70～92 分　你是个重生活的人，注重稳定而不太操劳。如果你没有想当元帅的念头，那么你能够在职场顺利发展，但不会有很大的起色。如果你再勤奋一些的话，也许在职场上能够变得非常出色。

43～69 分　看来你不太适合这个工作，或者你不太了解职场的规则。你可以多注意一些职场的新动态，有合适岗位不妨给自己一个重新开始的机会。当然，你也可以重新定位自己的职业形象。从职业的角度来说，你的工作风格似乎有点琐碎。让自己的心胸再宽广一些吧，这样你的机会将更多更好。

19～42 分　你极度不满意自己的职业，每天简直像在为仇家工作。毫无疑问，没有必要再干下去了，否则很可能染上心理疾病。立即鼓足勇气去寻找令你满意的工作吧！新时代的职业人应该有一份适合自己的事业！

前车之鉴

《转型期大学生就业问题及其对策研究》的调查报告显示，毕业 5 年以内的大学生跳槽两次及以上的竟然超过 70%。该调查涉及 29 个省（自治区、直辖市）、发放了一万多份调查问卷。一位企业负责人对调查人员说：“来到企业的大学生跳槽率太高了。刚工作一两年开始上手了就要跳槽，对企业影响很大。”调查显示，用人单位认为跳槽频繁是职业素养缺失的表现。

那么问题到底出在哪里？网友进行了讨论。

网友甲："我有个同事能力很强，但就是处理不好人际关系，有时候他自己说话办事太鲁莽，渐渐地大家就疏远了他。这种同事之间沟通的不顺畅影响到了工作，给他带来了发展瓶颈，后来他只能跳槽离开公司。具备人际交往的能力和职业所需的素养是非常重要的。"

网友乙："我毕业三年了，栽了不少跟头，好在遇到好前辈指导，不至于翻船。我身边很多同学也是这样，从事具体工作以后才发现原来自己欠缺的东西很多。其实决定一个人发展好与坏的关键，往往是工作中的职业素养，比如衣着礼仪、谈吐举止、工作程序、合作意识等。工作状态往往是人际交往的过程，即使是技术研发部门也需要整体的职业素养，能力并不决定一切。"

网友丙："我前不久尝试了职业素养测试，觉得分析得挺对的，其中包括性格特点、职业走向、处理问题的能力、化解与上下级的矛盾等分析，给了我不少启发。其实职业素养往往是和职场规则挂钩的，只是需要你慢慢体会。"

网友丁："为什么世界上有那么多有才华的穷人？为什么大家会觉得'一个人是龙，两个人是虫'？沟通、管理、协作等，这些决定你发展的因素常常被忽略了。"

资料来源：张希忠．我们缺失哪些职业素质［EB/OL］．（2012－06－21）［2023－03－09］．https://www.docin.com/p-258294808.html．有改编．

【案例点拨】大国工匠需要"德技并重"，以培养未来大国工匠为己任的职业教育不该重技能轻职业素养。社会转型时期，职业院校要落实立德树人、抓内涵质量建设、贯彻"以学生为中心"教学理念，更要重视职业素养的培育。

素养感知

从5秒钟内紧急制动谈职业素养①②

2022年6月4日，D2809次列车撞上突发溜坍侵入线路的泥石流，导致7号、8号车厢发生脱线。但幸运的是，在这起事故中，没有一名乘客失去生命。

经车载数据分析，司机杨勇发现异常时，在5秒钟内果断采取了紧急制动措施，保障了列车上一百多名乘客的安全，自己却不幸殉职。

一位行业从业者告诉媒体，列车司机在正式驾驶列车上路前，需经过长期培训，让采取紧急制动成为肌肉记忆，当发生紧急情况时，才能在第一时间采取制动措施。训练出来的肌肉记忆只是第一步。在日常培训中，列车司机还会在模拟操作室里模拟训练对

---

① 川岳．从D2809殉职司机杨勇谈职业素养［EB/OL］．（2022－06－06）［2023－02－09］．https://mp.weixin.qq.com/s/RDHhi9nfIZmayeDNe1ZmlA．有改编．

② 晨沐．5秒钟内紧急制动！D2809殉职司机名叫杨勇［EB/OL］．（2022－06－05）［2023－03－09］．https://view.inews.qq.com/wxn/20220605A04T8E00?openid%5B0%5D=o04IBADA1D3ZfAOT4upmQkwU8AFk．有改编．

各种突发情况的反应能力，以提升职业素养。

这位专业人士表示，杨勇的坚守，诠释了一名列车司机的高尚品格和职业素养。

中国铁道科学研究院首席专家黄强介绍，列车脱轨意味着列车有一部分已经驶离轨道，900多米的制动距离表示此后的车速预计在每小时一两百千米左右。能在5秒钟内迅速做出判断紧急制动，说明杨勇具有敏锐的职业嗅觉；果断采取制动措施，无惧巨大的惯性将他牢牢按在列车最前方的驾驶位上，体现了他勇敢的担当精神。这绝不仅仅是在平凡的岗位上做好了自己该做的事情，而是面对死亡威胁，以强大的责任感、使命感，忠于职守、临危不乱，在关键时刻无畏地选择了牺牲自己去挽救列车上其他一百多人的生命。杨勇，是当之无愧的平民英雄。

不是人人都可以成为英雄，但是我们每个职场人都可以通过努力不断提升自己的职业素养，在平凡的岗位上成就精彩的人生。

人生的四张名片①

一公司招聘部门主管，有上百人报名应聘。最后，一位仅有高职文凭的小伙子有幸被选上了。在应聘者中，这位小伙子的文凭最低，为什么会选他呢？人们感到不解。

负责招聘的总经理是这样解释的："因为他随身携带了四张人生名片，所以我最后选了他。他在进门口时蹭掉了脚下带的土，进门后随手关上了门；当他在等候时，看到一位老人便立即起身让座；进了办公室，他先脱去帽子；回答问题时他非常机智、幽默。"

接着，总经理具体阐述了小伙子携带的是哪四张名片：

(1)"心"——他在门口蹭掉脚下带的土，进门后随手关上门，说明他是一个有"心"的人。一个有心的人，才不至于因疏忽人际关系方面的小节而与他人产生矛盾。

(2)"德"——当看到一位老人时，立即起身让座，说明他是一个有"德"的人，能把握好做事的分寸。

(3)"礼"——进了办公室，他先脱去帽子，说明他是一个有"礼"的人。一个尊重别人的人，也会得到别人的尊重。

(4)"智"——他回答问题时机智、幽默，说明他是一个有"智"的人。一个充满智慧、幽默的人，在处理人际关系时，能化干戈为玉帛，化腐朽为神奇。

知识链接

一、职业素养的内涵

"素养"一词来自东汉史学家班固所著的《汉书·李寻传》："马不伏历（枥），不可

① 人生四张名片[EB/OL].(2010-05-27)[2022-10-25]. http://www.360doc.com/content/10/0527/13/705089_29781044.shtml. 有改编.

以趋道；士不素养，不可以重用。”意思是马匹不在槽枥中得到饲养，就不能在大道上奔跑；人不经常修习培养，就不能报效国家。“素养”的本义是修炼涵养，是日积月累出来的修养。

职业素养是指人们从事某种职业所具有的规范和要求，是人们在职业过程中表现出来的综合品质。个体行为的总和构成了自身的职业素养，职业素养是内涵，个体行为是外在表象。

职业素养是企业鉴别绩效优秀者和一般者的衡量尺度，同时也是决定某个人职业发展的重要因素。有研发部门对6000多家企业和5000多个岗位的调研发现，企业对员工职业素养要求前六位的分别是协作能力、沟通能力、时间管理能力、适应能力、学习能力、抗压能力。

二、职业素养的构成

职业素养包含四方面的内容，具体如下。

1. 职业信念

职业信念是职业素养的核心，是每一位职业人应该具有的意识。例如：在工作中积极认真，并且具有强烈的责任感，具有基本的职业道德等。

良好的职业信念应该是积极的、自信的、建设性的，具体表现为爱岗、乐观、用心、开放、始终如一等。

2. 职业道德

职业道德是所有从业人员在职业活动中应该遵循的行为准则，是与人们的职业活动紧密联系，并且符合职业特点要求的道德准则、道德情操和道德品质的总和。职业道德也是职业对于社会所负的道德责任以及义务，它涵盖了从业人员与服务对象、职业与职工、职业与职业之间的关系。

职业道德不仅在协调个人、集体与社会的关系，规范职业行为，提高社会文明程度方面起着关键性的作用，而且是社会主义精神文明和物质文明的主要内容，它能够促进良好社会风气的形成。

职业道德具体包括爱岗敬业、严守规矩、诚信守诺、责任担当、勤劳节俭等内容。

3. 职业行为

职业行为是在职场上通过长时间的“学习—改变—形成”而最后变成习惯的一种职场素质，是人们对于职业劳动的认识以及评价还有情感和态度等整个心理过程的行为反映，也是职业目标达成的基础。

职业行为包括职业创新行为、职业竞争行为、职业协作行为和职业奉献行为等方面。

4. 职业技能

职业技能是做好一个职业应该具备的专业知识和技术能力，是在职业分类基础之上，根据职业的活动内容，对于从业人员的能力水平进行的规范性的要求，也是人们从事职业活动、接受职业教育培训和职业技能鉴定的一个主要依据。

不同行业、不同职业有本行业、本职业所需要的职业技能。俗话说“三百六十行，行行出状元”，没有过硬的专业知识，没有精湛的职业技能，就无法把一件事情做好，就更不可能成为“状元”了。

所以要具备职业技术，就必须坚持不断地关注行业的发展动态及未来的趋势；要有良好的沟通协调能力，懂得上传下达、左右协调，从而做到事半功倍；要有高效的执行力，研究发现，一个企业的成功，30%靠战略，60%靠企业各层的执行力，还有10%的其他因素。

职业素养所包含的四个方面的内容，对于任何一个职场人士来说都是至关重要的，也是必须要了解的。对于职场人士来说，职业会陪伴其很久，其今天所做的一切都会影响其明天所能到达的高度，只有具备上述职业素养，才可以成为一名合格的职场人士。

三、职业素养构成内容之间的关系

职业信念、职业道德、职业行为是职业素养中最根基的部分，而职业技能是支撑职业素养的表象内容。

职业信念、职业道德、职业行为属世界观、价值观、人生观范畴的产物，从出生到退休逐步形成、逐渐完善。而职业技能是通过学习、培训获得的。例如，计算机、英语、建筑等属职业技能范畴的技能，可以通过几年时间掌握入门技术，在实践运用中日渐成熟。

“素质冰山”理论认为，个体的职业素养就像水中漂浮的一座冰山，显性职业素养和隐性职业素养共同构成了个体所具备的全部职业素养。浮在水面以上的冰山，主要代表个体的职业技能和职业行为等，是看得见的显性职业素养；而冰山隐藏在水面以下的部分，代表个体的职业信念、职业道德等方面，是看不见的隐性职业素养。支撑着水面露出来部分的是水下隐藏着的巨大冰山。

显性的职业素养，可以通过各种学历证书、职业证书、专业考试来证明。隐性的职业素养是人们不能直接看到或者证明的，但这却是决定人的行为的关键因素。隐性职业素养决定、支撑着外在的显性职业素养。因此，学生职业素养的培养应该着眼于整座“冰山”，并以培养显性职业素养为基础，重点培养隐性职业素养。

四、职业素养的特征

1. 职业性

不同的职业，职业素养是不同的。对建筑工人的素养要求，不同于对护士的职业素养要求；对商业服务人员的职业素养要求，也不同于对教师的职业素养要求。

2. 稳定性

一个人的职业素养是在长期工作时间中日积月累形成的。它一旦形成，便产生相对的稳定性。比如，一位教师，经过三年五载的教学生涯，就逐渐形成了怎样备课、怎样讲课、怎样热爱自己的学生、怎样为人师表等一系列教师职业素养，于是，这种职业素养便保持相对的稳定。

3. 内在性

在长期的职业活动中，职业从业人员经过自己学习、认识和亲身体验，觉得怎样做是对的，怎样做是不对的。这种有意识地内化、积淀和升华的心理品质，就是职业素养的内在性。

4. 整体性

一名从业人员的职业素养是和他的整个素养有关的。我们说某人职业素养好，不仅指他的职业道德素养好，而且还指他的专业技能等其他素养好。相反，一名从业人员科学文化素养、专业技能素养都不错，但思想道德素养比较差，我们也不能说这个人素养好。所以，职业素养一个很重要的特点就是整体性。

5. 发展性

一个人的素养是通过教育、自身社会实践和社会影响逐步形成的，它具有相对稳定性。但是，随着社会发展对人们不断提出的要求，为了更好地适应、满足、促进社会发展，人们总是不断地提高自己的素养，因此职业素养具有发展性。

五、职业素养量化为“职商”

1. 职商的定义

职业素养量化而成“职业智商”，简称“职商”（Career Quotient，CQ），它是职业胜任力的一个量化标准。职商代表着个体在创业、就业、从业等职业活动中各种胜任素质（包括智力素质和非智力素质）的综合水平，与同类群体相比较而言所处的位置。

良好的职商并不仅仅是指个体所掌握的知识技能的扎实程度，它同时会考量个体在职场和团队中是否具备面对困难却专注如一的心态、是否能够灵活地应对和处理工作中的各种问题、是否能够与他人携手合作共同进步、是否能够发现自己喜爱且擅长的事情并踏踏实实做下去等全方位的综合能力。

2. 职商与成功的关系①

“职商”这一词的内容，可缩写为“EELTAP”。

Education 是指教育，这是职商最基本的因素。

Experience 是指人生经验，包含社会经验和家庭经验。

Leadership 是指领袖气质，即领导才能。

Team spirit 是指集体主义精神，就是能够与他人合作。

Attitude 是指对生活有积极的态度。

P 有双重意义，包含热情（Passion）和效益（Performance）。对工作的热情会产生效益。

由职商的内容可看出，职商对获得职业成功是很重要的，二者的关系可通过表 1 - 1 来理解。

---

① 王承伦.“职商”究竟是什么？[EB/OL].（2017 - 07 - 25）[2022 - 10 - 25]. https://mp.weixin.qq.com/s/2VkkPa59rlIzRoX0NUzuaA. 有改编.

表 1-1 对职商与职业成功关系的理解

分类	对二者关系的理解
职商低、不成功的人	1. 依靠他人做职业选择和决断
	2. 工作选择和职场决断很模糊
	3. 自己在工作中制造好多麻烦
	4. 不清楚成功所需要的条件
	5. 花大量时间精力解决麻烦
	6. 没有充分利用自己的才能、兴趣
职商高、成功的人	1. 有能力自己做职业选择和决断
	2. 工作选择和职场决断很清晰
	3. 尽量避免工作问题的出现
	4. 清楚成功所需要的条件
	5. 花大量时间精力自我提升
	6. 最大化地利用自己的才能、兴趣

训练提升

课堂活动——职商挑战赛

1. 活动目的

结合学生专业特色，模拟相应的职场面试场景，设置职商测试环节，学生在活动中加深对所学专业职业素养的感受和体验。

2. 活动规则

（1）准备好模拟面试的场景。

（2）学生分组，每组选择一个职业，成立一个面试小组。

（3）课前每人完成一份简历，准备一分钟的自我介绍。

（4）在模拟面试过程中，面试小组成员提出与职业对应的专业问题，考察面试者的职业素养。

（5）根据简历、自我介绍、现场表现等进行评分，根据综合分数的高低评选“职商优胜者”。

3. 活动时间

一节课，也可拓展为一个完整的系列活动。

4. 活动总结

工作中需要知识，更需要智慧，而最终起关键作用的是素养。在“职商挑战赛”活动中，学生通过实践，意识到缺少这些关键的素养，一个人将一生庸庸碌碌，与成功无缘；拥有这些素养，会少走很多弯路。

户外拓展——蒙眼取水

1. 场地要求

空旷的室外场地，注意扫清障碍物。

2. 活动道具

眼罩若干、水瓶若干（也可用其他物品代替水瓶）、计时器。

3. 活动时间

一节课。

4. 基础版活动规则

（1）如果场地非常开阔，可以限定场地范围。明确活动的出发点和目的地。

（2）按班级人数分好组，一组 8 人左右为宜，可根据组员人数的多少，分几轮来比赛，最后按总成绩判定获胜者。

（3）每组成员确定谁是取水者，谁是指挥者，全组成员都要参与。如有个别同学不愿意参与，可安排其做计时员。

（4）取水者蒙眼转三圈后出发，然后由指挥者指挥其取水，优先取水并到达目的地获胜，用时最短的小组获胜。

（5）每轮活动结束后，有 5 分钟的休息时间，各小组成员可商量对策，再继续下一轮比赛。

（6）活动结束后，请获胜组分享获胜的原因和活动感受。

（7）在确保安全的前提下，可在取水区域内设置障碍物，增加活动的难度和趣味性。

5. 升级版活动规则

（1）基本的活动规则和基础版相同，但是活动共分三轮，每一轮要求不同。

（2）第一轮指挥者可以用语言和肢体接触来带领取水者完成指定任务。

（3）第二轮换指挥者和取水者，指挥者只能用肢体接触引领取水者完成任务，不能说话。

（4）第三轮继续更换人员，指挥者只能用语言引领取水者完成任务，不能有肢体接触。

（5）最后以团队总体完成任务的时长来判定获胜者。

6. 活动启示

这个游戏既有角色分工，又需要团队合作，既有沟通指挥，又有对策调整，能够从多方面感知参与者的职业素养。例如对总体目标的关注度、对目标的传递程度、指挥者和取水者之间的沟通等。升级版的游戏也告知我们，现实生活中的工作环境、工作任务经常会有变化，要注意目标中的关键信息是否理解清楚，是否能跳出习惯性思维处理事情。在几轮的游戏中，团体肯定会碰到困难，在完成任务过程中，参与者也能感知团队及时发现困难积极解决和及时鼓励队员带来的价值。

课后延伸

从《中国机长》看职业素养①

2019 年热播的电影《中国机长》，改编自川航 8633 航班机组成功处置空中飞机故障并安全备降的真实事件。这位中国机长就是职业素养的典范。正因为该机长的职业素养过硬，才保住了这么多人的生命。

影片开头，有一个非常著名的镜头：机长在洗澡时将水调成冷水，站在淋浴喷头下憋气将近 3 分钟。机长原型刘传健在接受采访时坦言，其实他最长可以憋气 4 分钟。平时练就的长时间憋气，在意外发生时就起了作用。当时玻璃破碎后，飞机瞬间释压，9800 米的高空人是需要吸氧的，而当时导航员并不在驾驶舱，刘传健本人无法戴上氧气面罩。在这种万分危急的时刻，自身身体对缺氧的耐受性就起了作用。假设刘传健当时因缺氧而意识不清，那他还有可能将飞机成功备降吗？意识都模糊了，怎么操纵飞机？

刘传健是从空军转业到民航的飞行员，多年来他保持了高度的自律。正是这种高度的职业素养，令他能够抵御常人难以想象的高寒、缺氧，在危急时刻力挽狂澜，成为人人敬仰的英雄机长。

平常会听到有人问："学这个有什么用吗？"

对这个问题的回答是："学这个现在没有用，但是你永远不知道学会这项技能，将来可能会在什么时候帮你一把，甚至是改写你的命运。"

从两个急救电话中看职业素养的差别②

2022 年 5 月中旬，一名 120 接线员在接到一名大学女生的求救电话后，在近八分钟的通话里，态度冷漠，在女孩明显意识模糊的情况下，没有积极地提取关键信息，提供帮助，反而废话连篇，指责病人吐字不清。更离谱的是，该接线员最终也没有帮女孩叫救护车，导致女孩错过了最佳的抢救时间，不幸逝世。

这名女生感觉自己随时都要晕厥了，而且呼吸声很沉重，随即拨打 120，告诉接线员自己的地址，但接线员说："你别用嘴呼吸，我不知道你的大学在哪儿，你能不能说清楚啊，实在不行让你室友说啊。"

女生再一次说了位置之后，并表示自己很难受，头很疼，但接线员说："我看你没什么事儿吧，我怀疑你现在脑子很清晰，你都上大学了，也 20 来岁了吧，你怎么连话也说不清楚。"

这种得过且过，不去钻研业务，不去打磨技能，对工作没有责任心的态度不仅毁了

① 儒爷说．英雄机长刘传健："奇迹"背后的实力，让人热泪盈眶！[EB/OL]．(2019-10-20)[2022-10-30]．https://www.sohu.com/a/348244344_100036910．有改编．

② 行动派 DreamList．拨打 120 求救 8 分钟无果，接线员犯了什么错？[EB/OL]．(2022-06-06)[2022-10-30]．http://www.myzaker.com/article/629d4aa48e9f091468484ded．有改编．

自己的前途，还给他人和集体带来难以估量的损失。

在舆论为这件事感到震惊之后，另一段被称为“教科书级别的电话在线急救指南”的录音传遍全网。

一位先生拨打急救电话，表明他太太晕倒在地，需要救援。

接线员反应迅速，听到“濒死呼吸”，立马连线救援，首先问：“是男性女性？大概多少岁？”

得知病患是40多岁的女性后，接线员又询问昏迷程度：“是完全没有反应吗？昏迷有呼吸吗？打疫苗了吗？”

在对方报完地址后，接线员第一时间派出救护车并告知，给对方吃定心丸，随后了解现场情况，下达非常明确的指令，一步步指导家属先采取急救措施。

例如，她让家属走到患者旁边，大力捏住其肩膀，测试患者的疼痛反应，并给出了“是否呻吟”和“眼睛是否打开”的判断标准。

再如，她告诉家属：“一秒钟两下，用力地压，继续压，压到救护车的人到，或者是她的手会把你的手拨开！”

当家属说“我没力气了”时，接线员连忙说道：“没力气赶快换旁边的人帮忙！压胸不要中断，赶快找人帮忙压。继续压，救护人员到达你旁边之前，都不可以停止压胸哦。”

就这样，患者在身边人不间断的“生死接力”下，终于等到了救护车到达的那一刻，顺利得到抢救，最后成功出院。

整个过程，接线员没有一句多余的话。为了方便家属理解和操作，接线员还给出了非常多的辅助信息。

对于接线员来说，这只是一通电话而已，但是对于电话那一头的人来说，是生的希望。所以，无论是谁，无论在什么岗位上，都要尽职尽责，以尽可能的专业水平和认真态度去对待。

你是如何当上领导的[①]

智睿咨询（DDI）每年都会在全球范围内做一个调研——经理人成熟度评鉴。其中会问高管这样一个问题：“你是如何当上领导者的？”

各种回答所占的比例，中国、印度、美国三个国家的数据对比差异很大。

中国：比例最高的回答是“我是最优秀的技术专家”。这表明，在中国，公司会因为一个员工的技术能力不错而将他升入管理层。更重要的是，员工自己也会认为“我的技术很强，我在自己岗位上做得很不错，所以我应该被升职”。

印度：比例最高的回答是“其他人认为我是一个天生的领导者”。这里的其他人，指的是他的同事和他的上级。这表明，在印度，公司会因为一个人的领导力比较强，能影

① Tina0716. 中国职场人与国外职场人的区别在哪里［EB/OL］.（2018-04-09）［2022-10-30］. https://www.sohu.com/a/227653826_100072459. 有改编.

响别人，能够带团队而给他升职。

美国：比例最高的回答是“我通过外部雇用的方式担任领导职位”。美国公司不会因为你在这个岗位上做得好、技术能力强，就给你升职。如果你技术能力强，但是管理能力不行，他们可能会找个人来领导你，谁行谁上。

在这组数据里，还有一个值得注意的地方就是，在印度中还有个回答比例比较高：“我得到晋升的原因是我的教育背景，比如MBA。”

实际上，领导力不是只有领导才需要的能力，本质上它就是一种影响力，是能够带着团队奔向同一个目标、共同达成愿望的能力。如果你没有，只是靠自己单打独斗，缺乏杠杆，是很难与别人竞争的。

提高职商需要思考的问题①

如果你不想再次错过工作或晋升的机会，如果你一直特别努力却还是十分平庸，如果你觉得自己的能力和付出与取得的成绩不成正比，如果你不喜欢现在的工作环境，那可能意味着你需要提高职商。

以下是提高职商需要思考的问题，看看你能回答出来几个。

（1）你现在的工作中，将表现出众者与其他人区分开的能力或品质是什么？

（2）在决定谁能承担更多的责任、挑起大梁时，老板或经理最看重的三种能力或品质是什么？

（3）要想达到下一个目标，你最需要提高的三种能力或品质是什么？

（4）对你来说，决定事业成功、工作或工作环境好坏的前三项因素是什么？

（5）什么样的环境和机会对你取得成功更有帮助？

（6）工作环境要有哪几种重要特征才算得上是优秀的平台？

我的职业素养心得

这节课，我收获了____

____

____

____

____

____

____

____

① 王承伦．“职商”究竟是什么？[EB/OL]．(2017－07－25)[2022－06－10]．https://mp.weixin.qq.com/s/2VkkPa59rlIzRoX0NUzuaA．有改编．

第二节 职业素养促成长

目标导读

知识目标：了解职业素养对于个人、企业和国家的重要性，知道如何培养和提升自身的职业素养。

能力目标：掌握提升职业素养的策略，有意识地培养和提升自身的职业素养。

素养目标：充分认识职业素养的重要性，在学习和工作中时时体现个人素养，把自己的成长与社会的发展实际结合起来。

自我职业素养探索

你是一个合格的职场人吗？①

请用“是”或“否”回答下列问题，最后统计数量，可以对自己的职业素养进行评估。

1. 你知道领导的职责范围和工作内容吗？你是否了解领导的目标和意向？

2. 假如领导离开一个月，领导是否深信你仍能认真负责地处理工作？

3. 你是不是一个合理安排自己时间工作不需要领导催促的人？

4. 你是否严格要求自己将每天的工作做完，甚至自愿加班将工作做完？

5. 如果领导不提醒你，你是否可以主动完成领导交代的工作？

6. 你是否有个人进步学习计划，主动更多地了解你的公司、你的工作或者你的行业？

7. 你能尊重他人、肯帮助人、把别人的事放在心上吗？

8. 你是否可以制定新的工作制度或工作流程，来改进领导和自己的工作？

9. 你能否主动解决一些问题而不麻烦领导？

10. 你在紧急状态下是否冷静，甚至当领导承受压力而沉不住气或发脾气时，你仍能平静工作？

11. 领导是否会因为信赖你而将一些内部信息资料委托给你？

12. 你是不是领导的一个有价值的信息来源，而这些信息靠领导自己是很难获得、

---

① 岳小鱼．职业素养测评清单［EB/OL］．（2021-05-04）［2022-07-02］．https://zhuanlan.zhihu.com/p/369713065．有改编．

不便获得或不能获得的？

13. 你能否清楚而正确地传达领导的工作指示或以书面或口头的方式简要地向领导汇报情况？

14. 你所具备的职场基本技能（例如撰写文件、会议记录等）是否专业、高效？

15. 你是否可以做好调研类工作，比如能否收集资料、调查某项业务，并写出有事实、有分析、有建议的调查报告呢？

【计分方法】

统计一下自己肯定答案的数量，即回答为“是”的数量。

【你的总分】

有________________个“是”。

【结果分析】

根据百分制的换算，如果你有10个及以上的肯定答案，说明你是一个合格的职场人，职业素养基本过关，且“是”的数量越多，说明你越优秀。如果达不到10个肯定答案，那说明你的职场素养还需要进一步提升。

前车之鉴

一天上班后，主管让小王给上级部门送一个材料。一个小时过去了，主管没有得到回复。两个小时过去了，主管还是没有得到回复，直到中午主管在楼道里看见了他，问他材料送到了吗，小王说送到了，问小王怎么送的，小王说要他找的那个人不在，他就委托办公室的人转交了。主管一听，脑海里马上浮现三个字：靠不住。此后，主管不再轻易委托他去办重要的事了。

有人会问，这么小的事，不回复就是“靠不住”吗？

职业素养渗透在工作中的每一个环节，看似细微却起着举足轻重的作用。在职场中，及时回复也是一种基本的职业素养，虽然回信息是一件微不足道的小事，但却能看出一个人的人品和素质。“收到请回复”这五个字总是会频繁地出现在工作场合中，通常是你的同事或工作伙伴为了与你保持有效的沟通，以此确保你了解工作上的内容。职业素养的提升能促进职业人在职场中快速成长。

资料来源：这事虽小，但反映你的职业素养［EB/OL］.（2017-09-06）［2023-03-02］. https://mp.weixin.qq.com/s/AuAOVTtWJegJG5vZ4H0ByA. 有改编.

【案例点拨】让你放心的人，但凡遇到重要的事，你一定会想起他来。因为不用担心，你委托的事他一定会放在心上，尽心尽力，随时回复，绝不让你焦急等待。对这样的同事和朋友，你也会以礼相待，并以同样的态度对待对方托付的事。这就是双方共事和相处的默契。事毕不回复，就像任务完成了99%，只有1%没落实，虽然就差这么一丁点，但事情还是没有做到位。无论是谁，除非你确有原因，都应给予回复。事毕回复，说来简单，做好不易，从根本上讲这是品格的问题，和承诺与诚信有关。

素养感知

“大医生”的职业素养

吴南是北京协和医院骨科副主任医师，荣获第二十六届“中国青年五四奖章”。

吴南总是脚步匆匆，每天都在忘我地工作。从早晨7点到晚上7点，他几乎整天都“泡”在医院里。门诊、查房、手术、科研、教学……他的时间表安排得满满的，常常连午餐时间也被挤占。面对脊柱畸形这道世界性难题，他和团队成员始终站在前沿阵地，不断攀登新的高峰。从医10余年来，他的手术总时长超过1万小时，让无数脊柱畸形患者实现了“昂首挺胸”的梦想。

有一次，他为一名4岁孩子做手术，术中突发意外情况，出现血管破裂。凭着外科医生特有的冷静与敏捷，他和团队一起努力，迅速进行了一连串的处理，化险为夷。“哪怕犹豫一两秒，或者有一个操作失误，孩子就可能失去生命。”吴南回忆说。

“医生不能只看片子，不看患者。医生治的是病，救的是人。”在吴南心中，临床技术和人文关怀同等重要。作为医生，既要有一把过硬的刀，也要有一颗慈悲的心。

“把每一名患者当作家人对待”是吴南的从医准则。有一次，吴南做完最后一台手术已是晚上8点多了，他又累又饿。下班之前，他还要坚持到病房再看看患者。当时，正好遇到一名9岁的孩子胸闷憋气，血氧饱和度很低。吴南判断可能是胸腔积液渗出，他迅速喊来同事，在病床旁做胸腔穿刺。可是，孩子又哭又闹，根本不配合检查。于是，吴南跪在地上，一边让人哄孩子，一边熟练地操作。当穿刺完成后，吴南已经累得坐在地上直喘气，半天站不起来。

在病人面前，吴南真诚而谦和。无论贫富贵贱，他都一视同仁，倾力救治，不图回报。吴南常常想起导师的叮嘱，人的生命只有一次，不可重来。医生要敬畏生命，做每一台手术都要想到最坏的结果，尽最大努力减少对患者的伤害。吴南说：“当医生最大的幸福，就是做最纯粹的医学，一切从患者的利益和社会的需求出发。”

2020年新冠肺炎疫情肆虐时，吴南牵头组织成立了协和青年志愿者团队，协助门诊接听患者求助电话，为群众答疑解惑，成为医院“停诊不停服务”的抗疫生力军。

吴南决心当一名“大医生”。他说，“大医生”就是要心系天下苍生，有大格局、大眼光、大胸怀，推动中国医学事业从“跟跑”到“领跑”，让中国人在国际医学界拥有更多话语权，为人类健康作出更大贡献。

职业素养的培养应该着眼于整座“冰山”，并以培养显性职业素养为基础，重点培养隐性职业素养。吴南职业生涯目标明确，不断提升自身的专业技能，在工作中表现出优异的职业素养，对待患者一视同仁，倾力救治，不图回报。吴南的这种职业素养和职业精神值得在校学生学习。在校学生应该树立明确的职业生涯目标，有计划地提升自身的职业素养，增强就业竞争力，成为企业用人单位需要的员工，为国家的经济发展添彩。

用过硬的职业素养打造出“中国名片”①

1990 年，刚到 1205 钻井队参加工作的李新民经常下班后还在井上，不断观察和琢磨。他把自己当成学生，把全队的人当成师傅，不懂就问，不会就练。

不到半年，李新民就全面掌握了井队 6 个操作岗位的技能。他说，追求进步不是一种选择，而是一种责任。随着大庆油田钻井难度不断加大，李新民带领 1205 钻井队突破水淹层钻井的禁区，创出打丛式井的高水平，打出了许多“复杂井”“疑难井”。

2006 年 2 月 21 日，李新民率钻井队第一次飞抵海外，来到苏丹首都喀土穆。刚落地不久，他就赶到苏丹港，查看钻井设备到了没有，打听清关需要多长时间。1205 钻井队虽然在国内名气大，但当地并不了解他们，也没人想把任务给他们。得知当地想找一支能“挑大梁”的钻井队承担任务后，李新民马上找甲方提出打井意愿，并送去了对这口井的分析和全队所有人的请战书。

李新民和队员们细致规划，梳理出 20 多条操作要领。一开钻，全队紧盯每一个操作和参数，最终提前 11 天完成钻井。这口井成为中石油海外市场的“功勋井”，也成为 1205 钻井队亮相海外的名片。

2011 年，中国石油天然气集团公司党组授予李新民“大庆新铁人”荣誉称号。2016 年，他又加入大庆油田中东分公司开拓中东市场，一年内实现合同额同比增加两倍以上，5 年内实现签约合同额新突破。

如今，作为大庆油田国际勘探开发公司总经理，李新民正带领他的伙伴们在为大庆油田实现更高质量“走出去”、用质量与信誉赢得海外市场，贡献着智慧和力量。

知识链接

一、职业素养的重要性

1. 职业素养对个人成长的影响

从个人的角度来看，职业素养的提升能大大提高学生的就业竞争力。适者生存，个人如果缺乏良好的职业素养，就很难取得突出的工作业绩，更谈不上建功立业。

现在很多人缺乏对职业基本素养的了解，还不懂得学历与职业之间经常存在不对称的关系。当一个人的职业素养与工作技能不能满足用人单位的要求时，就业难的问题就难以避免。一方面，毕业生感叹就业难；另一方面，许多用人单位也在抱怨招一个合适的新员工难。多数企业在招聘一些重要岗位工作人员时，更多考虑的是为企业输入所需人才，实现合理配置以满足企业长足发展的需要。因此，应聘人员的职业素养尤其是道德品质就成为一个重要的录用标准。如果学生既具有一定的专业水准，又能够表现出良

① 陈聪，杨喆. “大庆新铁人”李新民：用铁人精神打造“中国名片”[EB/OL]. (2022-06-27) [2023-03-12]. https://news.gmw.cn/2022-06/27/content_35838234.htm. 有改编.

好的职业素养，就有被录用的可能。

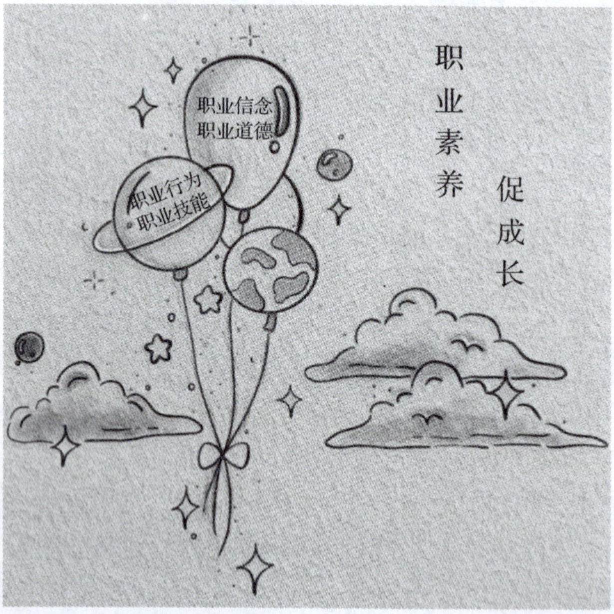

2. 职业素养对企业市场竞争力的促进作用

企业要发展，离不开“人”“财”“物”这三个基本要素，而“人”的要素又是摆在第一位的。企业的竞争，是产品的竞争、科技的竞争，最终表现为人才的竞争，这已经成为企业界不争的事实。从企业角度来看，唯有聚集具备较高职业素养的人员，才能实现生存与发展的目的。具备较高职业素养的人可以帮助企业节省成本、提高效率，从而提高企业在市场上的竞争力。随着企业的不断发展和壮大，员工的职业素养提升越来越重要。面对外部客户时员工的言谈举止、举手投足都代表着公司的专业度和规范化。很多时候，未经过标准化训练的员工，从仪容仪表到声音语言以及沟通的内容和技巧都比较随意，就不能展现公司的核心战斗力和竞争力。

3. 职业素养对国家经济发展的促进作用

从国家的角度看，国民职业素养直接影响着国家经济的发展。正因如此，职业素养教育才显得尤为重要。当前学生群体中，有相当一部分学生对自己要求不严格，职业素养缺失，从而导致就业状况不理想，着力培养大学生的职业素养已成为当前高校教育的一个迫切的任务。因此，高职院校需要深入实际，不断探索，重视学生职业素养的培养，为社会培养合格有用的人才，为我国社会主义经济的稳步发展作出贡献。

二、职业素养的培养与提升

1. 培养职业意识

有研究显示，我国 69%～80%的大学生对未来职业没有规划，就业时容易产生压力。培养职业意识就是要对自己的未来有规划。因此，求学期间学生应明确：我是个什么样的人？我将来想做什么？我能做什么？环境能支持我做什么？要着重解决一个问题，就是认识自己的个性特征，包括自己的气质、性格、能力、兴趣动机、需要、价值观等，据此来确定自己的个性是否与理想的职业相符。对自己的优势和不足有一个比较客观的认识，结合环境如市场需要、社会资源等确定自己的发展方向和职业选择范围，明确职业发展目标。

2. 培养显性职业素养

学生要配合学校的培养任务，完成知识、技能等显性职业素养的培养。职业行为和职业技能等显性职业素养比较容易通过教育和培训获得。学校的教学及各专业的培养方案是针对社会需要和专业需要而制定的，旨在使学生获得系统化的基础知识及专业知识，加强学生对专业的认知和知识的运用，并使学生获得学习能力，培养学习习惯。因此，学生应该积极配合学校的培养方案，认真完成学习任务，尽可能利用学校的教育资源，包括教师、图书馆等获得知识和技能，作为将来职业需要的储备。

3. 培养隐性职业素养

有意识地培养职业道德、职业态度、职业作风等方面的隐性职业素养是学生职业素养培养的核心内容。核心职业素养体现在很多方面，如独立性、责任心、敬业精神、团队意识、职业操守等。事实表明，很多学生在这些方面存在不足。学生应该有意识地在学校的学习和生活中主动培养独立性，学会分享和感恩，勇于承担责任，不要把错误和责任都归咎于他人。

三、将培养职业素养全面纳入课程体系

职业素养的培养，需要在做事过程和实践训练中进行。就学校教育而言，未来我国学生职业素养的培养策略要转向实践，以行动为中心。要从价值观教育入手，强调个体创造性行动价值、与人合作共创性行动价值和分享劳动成果价值；在教育教学过程中，以学生自主完成任务和团队合作完成任务等形式为主，鼓励学生了解社会上的各种职业，做好依据天赋和兴趣爱好选择未来职业的准备。

1. 分层次培养学生职业素养

在普通教育课程体系中，全面纳入职业素养的理念。在义务教育阶段，重视培养学生的泛化型职业素养，如独立学习、自主管理、发展友谊和培养社会责任感。在高中教育阶段，要重视培养学生通用型职业素养，包括对自我兴趣和能力的认识、基本的职业认知、未来的专业选择、勤奋刻苦精神、读书和健身习惯等。在高等教育阶段，要重点培养专业型职业素养。学生有自己的专业或学科领域，需要继续提升学术研究精神和能力，或深入企业和社会了解行业的最新知识与技术技能。要增加学生在职业领域的参与体验，通过校企合作项目和社会实践项目，通过教育教学过程、实验实训过程和社会实践过程的紧密配合，激发学生在基础教育阶段埋下的职业兴趣和职业素养，深化对社会和职业领域的认识与理解，建立良好的职业目标，并通过不断地参与实践，体验创造物质与精神成果的幸福感，最后走向与他人合作的真正职场，承担责任、分享成果，为自己、家人和社会创造幸福生活。

2. 重视职业素养中的智力成分

要重视职业素养中的智力成分，着重培养学生的高阶职业素养。高阶职业素养需要高阶思维、高阶技能及与其相伴随的意志品质。高阶思维包括批判性思维、逻辑思维、反省思维、元认知和创造性思维等。高阶技能包括探究、决策、问题解决和迁移技能。随着人工智能取代简易体力劳动，机械性、常规性的工作岗位逐渐消失，技术工人需要掌握的技术技能中的智力成分越来越多。

3. 打通职业素养提升体制机制障碍

制定国家资历框架是世界职业教育的发展趋势。完善的资历框架有助于实现职业内部互认、普职互通、劳动力的跨境流动互补，可以有效应对全球化、区域化带来的职业资格认定困难。

四、自我提升职业素养的六大策略

1. 拥有正直的人格魅力

职业人的人格魅力，是靠职业人在企业内外的言行表现出来的。首先，职业人要有较强的责任感和较高的职业道德素养。其次，职业人要有事事率先的表率能力。最后是职业人的责任和诚实，这是人的一种精神面貌，更是人的一种可贵的品性。正直的人格魅力是正能量的输出，是职业人职业素养的体现。

2. 善于适应不同的环境

在瞬息万变的职场里，职业人的适应能力尤其重要。善于适应不同的环境更能展现出自己的职业能力。作为一名职业人，要善于总结生活中的经验教训，善于学习、善于把握事件的真相，培养独立思考能力和独立运作能力，培养妥善处理突发事件的能力。这样才能更好地应对变化，有利于职业素养的综合提升。

3. 注重了解企业文化

企业文化是企业在长期的生产经营过程中形成的价值观、经营思想、群体意识和行为规范的总和，是企业精神和灵魂的体现。好的企业文化就像一面旗帜，统一着企业和全体员工的成长和发展的方向。职业人应该了解企业的发展史和经营理念，积极参加企业培训，增强对企业文化的认同感和执行力，培养主动、积极、向上、爱岗敬业的精神，以良好的职业素养展现企业的精神面貌。

4. 保持良好的创新意识

知识经济时代，就是创新的时代。一名优秀的职业人最本质的特征是创新。作为一名优秀的职业人，应不断地用创新的观点、发展的观点看待问题，有高瞻远瞩的素质。增强创新意识有利于职业能力的提升，能为企业创造更多的价值。

5. 具备较强的团队能力

一名成熟的职业人应该把集体的利益看得比自己的地位和荣誉更重要，对内要以团结为己任，乐于倾听不同的意见，重视情感沟通；对外要以提高企业知名度和社会影响力为己任，搞好公共关系网络建设，协调、沟通好社会各界关系，拓展企业的生存空间，创造企业发展的良好外部环境。

6. 积极进行学习与思考

工作的过程就是学习的过程，学无止境。职业人不是一直燃烧的蜡烛，而是蓄电池，能够不断地自我充电，不断地释放能量。“三人行，必有我师焉”，职业人的自我学习是提高自己综合素质的基础，要学会思考，客观地分析，形成准确的判断力。职业人还要在平时工作中努力学习，不断总结经验与教训，不怕苦、不怕累，善于思考、分析和解决问题。

训练提升

课堂活动——圆桌会议

1. 活动目的

通过圆桌会议让学生产生思想碰撞，增加职场体验，更加深刻地了解职业素养的重要性，激发学生积极寻求提升职业素养的方法和途径。

2. 活动规则

（1）课前发布会议讨论选题，学生收集资料并形成自己的观点。会议选题如下：

A. 你认为企业更看重员工哪方面的能力？

B. 学生在校期间如何提升职业素养？

C. 举例说明职业素养在职场中的重要性。

（2）学生分成三组，每组根据个人特点选择角色（组长、秘书、策划等）。

（3）三组围坐成两个同心圆。第一轮第一组在内圈开始讨论，第二组、第三组在外圈观察，第二轮交换进行。

（4）每组根据刚才组员的讨论形成报告，派代表进行汇报。

（5）根据每组的表现进行评价，评价包括自评、他评和教师评。

3. 活动时间

一节课。

4. 活动总结

会议是职场中必不可少的一部分，如何在会议中准确地表达自己的观点，并取得认同，这里面包含了信息整理、沟通技巧、团队合作等职业素养。

户外拓展——众人夺宝

1. 场地要求

室外空旷的场地，注意扫清障碍物。

2. 活动道具

水瓶若干（也可用其他物品代替）、计时器。

3. 活动时间

一节课。

4. 活动规则

（1）小组成员在同伴的帮助下，依次从距离端线约 1.8 米的地方取到水瓶，每人限取一个，起始线至夺宝区为危险区，所有伙伴身体的任何一部分均不可以触碰危险区，如违反则需重新开始挑战。要求在五分钟内完成挑战。

（2）活动后进行体会升华。交流围绕“这次你们的表现如何?”“这个过程中遇到了什么困难，你们是如何解决的?”“你觉得你们的队伍优化了吗?”“你觉得成功的要点是什么?”等问题进行。

5. 活动启示

这个活动就像企业的一个项目，学生在每次成功或者失败中体会到：要完成任务，不仅需要个人能力强，更重要的是如何准确表达和关注每个成员的特点进行合理调配。企业之所以注重员工的职业素养，是因为在工作过程中，职业素养起着关键的作用，专业能力再强的人也需要具备团队合作、责任意识和处理好人际关系等职业素养才能更好地完成任务。

课后延伸

从某企业职业行为规范看职业素养的重要性

员工的职业素养对于企业的生存和发展起着重要的作用，因此企业非常重视员工职业素养的要求和培养，这从每个企业的员工行为规范中有所体现。下面以某企业职业行为规范为例，说明企业对员工有哪些职业素养要求。

（1）尽职尽责：需要员工全身心地投入到工作中去。

（2）团结协作：胜则举杯相庆，败则拼死相救。团结合作、集体奋斗是本企业文化的精髓，只有团队成功才有个人的成功。

（3）学习与创新：问题意识、改进意识、危机意识是企业创新的原动力。诚实劳动与胜任本职工作是员工长期在本企业赖以生存的基础。

（4）沟通、报告与反馈意识：知识经济时代的工作是沟通式的工作，沟通是团队创新的主要工具，是化解误会、冲突的最佳方法。

（5）市场、服务意识：本企业各种不同岗位的人实质上都参与了市场营销活动，直接或间接地服务于用户。市场是检验本企业所有工作有效性的唯一标准。

（6）质量、成本意识：树立品质超群的企业形象，质量是企业的生命。具有竞争力的成本是增强本企业核心竞争力的重要因素之一。本企业倡导成本意识是为了追求可持续的最佳投入产出比。

（7）知识产权与保密意识：所有商业秘密和技术秘密是经企业巨大投资，经集体奋斗所获得的知识产权。对我们这样一个高科技企业而言，这笔无形资产是企业赖以发展、员工福利得以保障的基石。每个有责任心的员工要像爱护自己的眼睛一样，来保护企业的商业秘密和技术秘密，严厉打击故意泄密的行为，谨防无意泄密。

(8) 安全与资源保护：增强安全意识，保障员工人身安全及公司财产安全，是本企业每一名员工的义务。

(9) 道德情操与自律：勿以善小而不为，勿以恶小而为之。

(10) 利益与关系处理：本企业倡导廉洁、自律、守法、诚信、敬业的职业道德。员工的一切职务行为都必须以维护企业利益、对社会负责为目的。

面试准确传达信息，完美体现职业素养①

小刘最近在找新的工作机会，她应聘了某公司无线业务产品经理。

面试官高经理让小刘先做自我介绍："如果用一分钟概括自己，您会怎么说呢?"

小刘微笑了一下，淡定地回答："毕业三年，两年行业从业经验。敬业、踏实，有9个月团队管理经验。我的优势在于对产品有自己独到的见解，团队组建、执行能力强，在业绩方面每月都能达到或者超过公司制定的目标。个人的缺点就是有些急躁，针对这个缺点，我最近半年一直在练毛笔字，让自己养成沉下心来做事情的习惯。在职业发展方向上，我会继续在无线业务产品领域努力，希望找一家有实力的公司发挥自己的特长。贵公司以前做系统集成，具有一定的实力，同时无线领域刚起步，上升空间会比较大。"

在自我介绍后，高经理习惯性地会问到优势、劣势、职业方向、为什么选择我们这个公司，但小刘在一分钟的介绍里已经把这些问题都回答了，且有理有据，这给高经理留下了深刻的印象。如果小刘之前准备了，说明她对选择新公司的工作机会很在意，特别明确自身的优劣势和要应聘公司的情况。如果没有准备，那小刘就是个思路清晰，做事有条理的人。无论是哪种情况，小刘都是公司所需要的人才。

高经理想深入了解一下小刘的工作业绩，就问道："请说一个工作中你最成功的例子。"

小刘："我在前公司负责过6个月的短信产品和运营，把公司在移动公司的排名从80多位提升到30多位。我们主要在产品的创意上下功夫。当时我负责策划的几个资讯类产品目前在移动还是有排名的。"

"那为什么你在这个方向只负责了6个月呢?"高经理追问。

小刘回答："有两个原因：一是公司收购了在短信方面很擅长的一家公司，这部分业务交由他们做了；二是我本人的兴趣还是在WAP方面，我认为这方面未来发展的空间更大些，所以当时虽然短信产品方面仍然有职位，我还是选择回WAP产品部。"

"嗯。那有什么不成功或者失败的案例吗?"高经理问。

小刘："没什么特别明显的，不过有些确实需要改进。另外，因为其他资源不足，比如公司没有资质而导致一些项目无法上线，这也不能算是个人的失败，对吗?"

高经理爽快地说："好！我现在去看一下无线部门的总监是否有时间。如果他方便的话，我安排你们现在沟通。"

---

① IT人生博客. 大学生求职七大昏招（十九）[EB/OL].（2008-08-05)[2023-03-10]. http://blog.itpub.net/15040476/viewspace-418952/. 有改编.

“好的，谢谢您！”小刘笑了。

成功绝非侥幸。小刘在面试前做好了较为充分的准备，也进行了练习，知道公司对这个职位的素质要求，所以她抓住了面试的机会，充分地展示了自身优秀的职业素养。

好书推荐——《一生成就看职商：一流员工的职业素养》

《一生成就看职商：一流员工的职业素养》是吴甘霖编著的一本图书，此书在职业培训中被广泛应用，多次在职业素养相关书籍中被提及。该书是一本打造一流工作者职业之魂的著作，不仅从 18 个方面探究了职场中最重要的职业素养，而且着眼于从 4 个重要的方面帮助读者尽快提高职商。吴甘霖回顾了自己从职场惨败到走上成功之道的过程，再总结了比尔·盖茨等著名人物的成功历史，得出了一条宝贵的经验：一个人在职场中能否成功取决于“职商”，而“职商”中最重要的素养就是职业道德与工匠精神。工作中需要知识，更需要智慧，而最终起关键作用的则是职业素养。缺少职业道德与工匠精神，一个人将一生庸庸碌碌，与成功无缘。吴甘霖通过自身在职场成功与失败的感悟，以及对众多职场成功者经验的总结，为所有想在职场发展的人提供了借鉴。

我的职业素养心得

这节课，我收获了____

____

____

____

____

____

本章练习

一、选择题

1. 下列关于职业素养的叙述，不正确的一项是（　　）。

A. 职业素养是一个人在职业过程中表现出来的综合品质

B. 职业素养主要是由先天素养决定的，与后天努力关系不大

C. 资质、知识、行为和技能是显性职业素养，人力资源管理中比较重视

D. 职业道德、职业意识、职业态度等隐性职业素养更深刻地影响着员工发展

2.（　　）是一种良好的职业精神和职业修养，是一种软实力。

A. 职业技能　　B. 职业计划　　C. 职业素养　　D. 职业习惯

3.（　　）是所有从业人员在职业活动中应该遵循的行为准则，是与人们的职业活动紧密联系，并且符合职业特点所要求的道德准则、道德情操和道德品质的总和。

A. 职业技能　　B. 职业信念　　C. 职业道德　　D. 职业行为

4.（　　）是做好一个职业应该具备的专业知识和技术能力。

A. 职业行为　　B. 职业信念　　C. 职业道德　　D. 职业技能

5. 职业素养的特征不包括（　　）。

A. 整体性　　B. 职业性　　C. 发展性　　D. 全能性

6. 下列属于显性职业素养的有（　　）。

A. 职业道德　　B. 职业态度　　C. 职业作风　　D. 职业技能

7. 职业素养不仅对个人成长和企业市场竞争力有影响，还影响（　　）的发展。

A. 国家经济　　B. 人际关系　　C. 国家文化　　D. 社会生态

8. 下列属于显性职业素养的有（　　）。

A. 职业道德　　B. 职业技能　　C. 职业态度　　D. 职业作风

9. 下列不属于隐性职业素养的有（　　）。

A. 职业意识　　B. 职业道德　　C. 职业知识　　D. 职业态度

10. 假如你的上司给你安排了一项工作，而这项工作不在你的职责范围内，你应当（　　）。

A. 消极怠工　　B. 立即执行　　C. 不管不顾　　D. 看看再说

二、判断题

1. 显性职业素养和隐性职业素养共同构成了个人所具备的全部职业素养。（　　）

2. 浮在水面以上的冰山，主要代表职业技能和职业行为等，是隐性职业素养。（　　）

3. “职业技能”是职业素养的核心。（　　）

4. 自我的发展只有自己能把握，做好自己的主人，不能屈服于名誉，更不能自卑。（　　）

5. 职业素养量化而成“职业智商”，简称“职商”，它代表着个体在创业、就业、从业等职业活动中各种胜任素质。（　　）

6. 提高就业竞争力只需要增强我们的工作技能。（　　）

7. 职业素养包括隐性职业素养和显性职业素养。（　　）

8. 职业素养可以提高个人的就业竞争力，与国家经济无关。（　　）

9. 只要专业技能过硬就会受到用人单位的重用。（　　）

10. 有意识地培养职业道德、职业态度、职业作风等方面的隐性职业素养是学生职业素养培养的核心内容。（　　）

三、综合题

1. 情景：春雨绵绵，众多乘客在公交站点等车，站台前有一潭 2 米宽的积水。

A 车司机把车停在离站台 1.5 米远的地方，乘客根本无法一步上车，只好涉水而过。

B 车司机则快速驾车驶进站台，溅起的泥水打湿并弄脏了乘客，乘客面对突如其来的袭击，纷纷避开，站台大乱。

C车司机小心翼翼地将车停在乘客抬脚即可上车的地方，方便乘客上车。

问题：

（1）如果今天你是雨中的乘客，你希望等到的是哪辆车？

（2）请运用本节所学的职业素养知识说明原因。

2. 某公司招聘客服专员，任职要求如下：

（1）耐心、细心，服务意识强。

（2）喜欢销售工作，对互联网行业有浓厚的兴趣。

（3）有销售或客服工作经验者优先。

（4）具备敏锐的商业意识，较强的应变能力、口头表达与沟通能力。

（5）有较强的推广和维护、协调客户的能力，熟悉客户服务流程。

（6）具备较强的学习能力，可快速掌握公司产品知识，及时开展工作。

（7）熟练运用办公软件，具备良好的写作能力。

问题：请按该公司招聘的任职要求，有针对性地写一份面试时的自我介绍。

第二章

坚定职业信念

第一节 事业意识
——把工作当事业，迈向成功人生

目标导读

知识目标：能区分职业与事业的不同，了解事业意识的内涵。

能力目标：在日常学习和生活中培养事业意识，为将来走上工作岗位打下基础。

素养目标：认识事业意识的重要性，树立正确的价值观和事业观，弘扬工匠精神，推动中国经济发展。

自我职业素养探索

测测你的事业心①

本测试基于人们的日常生活而编制，测试的题目均为单选题，测试选出你第一印象的答案。题后附分值表（见表2-1）及测试结果解析，把相应答案的分值加在一起即为你的得分。

1. 你更喜欢吃的水果是________。

A. 草莓　　B. 苹果　　C. 西瓜　　D. 菠萝　　E. 橘子

2. 你平时休闲经常去的地方是________。

A. 郊外　　B. 电影院　　C. 公园　　D. 商场　　E. 酒吧　　F. 练歌房

3. 你认为容易吸引你的人是________。

A. 有才气的人　　B. 依赖你的人　　C. 优雅的人

D. 善良的人　　E. 性情豪放的人

4. 如果你可以成为一种动物，你希望自己是________。

A. 猫　　B. 马　　C. 大象　　D. 猴子　　E. 狗　　F. 狮子

5. 天气很热，你更愿意选择的解暑方式是________。

A. 游泳　　B. 喝冷饮　　C. 开空调

6. 如果你必须选择以下一种动物或昆虫与你在一起生活，你能容忍________。

A. 蛇　　B. 猪　　C. 老鼠　　D. 苍蝇

---

① 测试：测测你的事业心，很准哦！[EB/OL].（2020-01-14）[2023-03-10]. https://www.sohu.com/a/366907188_166566.

7. 你喜欢看的电影或电视剧的类型是________。

A. 悬疑推理类　B. 童话神话类　C. 自然科学类

D. 伦理道德类　E. 战争枪战类

8. 以下物品中，你随身必带的是________。

A. 打火机　B. 口红　C. 记事本　D. 纸巾　E. 手机

9. 你出行时喜欢的交通工具是________。

A. 火车　B. 自行车　C. 汽车　D. 飞机　E. 步行

10. 以下颜色中，你更喜欢的是________。

A. 紫　B. 黑　C. 蓝　D. 白　E. 黄　F. 红

11. 下列运动中，你最喜欢的（不一定擅长）是________。

A. 瑜伽　B. 自行车　C. 乒乓球　D. 拳击　E. 足球　F. 蹦极

12. 如果你拥有一套别墅，你认为它应当建在________。

A. 湖边　B. 草原　C. 海边　D. 森林　E. 城中区

13. 你更喜欢的天气现象是________。

A. 雪　B. 风　C. 雨　D. 雾　E. 雷电

14. 你希望自己的窗口在一座三十层大楼的第________。

A. 七层　B. 一层　C. 二十三层　D. 十八层　E. 三十层

15. 以下城市中，你认为自己更喜欢生活在________。

A. 丽江　B. 拉萨　C. 昆明　D. 西安　E. 杭州　F. 北京

表 2-1　分值表

题号	A	B	C	D	E	F
第 1 题	2	3	5	10	15	
第 2 题	2	3	5	10	15	20
第 3 题	2	3	5	10	15	
第 4 题	2	3	5	10	15	20
第 5 题	5	10	15			
第 6 题	2	5	10	15		
第 7 题	2	3	5	10	15	
第 8 题	2	2	3	5	10	
第 9 题	2	3	5	10	15	
第 10 题	2	3	5	8	12	15
第 11 题	2	3	5	8	10	15
第 12 题	2	3	5	10	15	
第 13 题	2	3	5	10	15	
第 14 题	2	3	5	10	15	
第 15 题	1	3	5	8	10	15

【测试结果分析】

180 分以上：意志力强，头脑冷静，有较强的领导欲。事业心强，不达目的不罢休。外表和善，内心高傲，对有利于自己的人际关系比较看重。有时显得性格急躁，咄咄逼人，不利于自己时顽强抗争，不轻易认输。思维理性，对爱情和婚姻的看法很现实，对金钱的欲望一般。

140～179 分：聪明，性格活泼。人缘好，善于交朋友，心机较深。事业心强，渴望成功。思维较理性，崇尚爱情，但当爱情与婚姻发生冲突时会选择有利于自己的婚姻。金钱欲望强烈。

100～139 分：爱幻想，思维比较感性，以是否与自己投缘为标准来选择朋友。性格显得较孤傲，有时比较急躁，有时优柔寡断。事业心较强，喜欢有创造性的工作，不喜欢按常规办事。性格倔强，言语犀利，不善于妥协。崇尚浪漫的爱情，但想法往往不切合实际。金钱欲望一般。

70～99 分：好奇心强，喜欢冒险，人缘较好。事业心一般，对待工作随遇而安，善于妥协。善于发现有趣的事情，但耐心较差。敢于冒险，但有时较胆小。渴望浪漫的爱情，但对婚姻的要求比较现实。不善理财。

40～69 分：性情温良，重友谊。踏实稳重，但有时也比较狡黠。事业心一般，对本职工作能认真对待，但对自己专业以外的事物没有太大兴趣。喜欢有规律的工作和生活，不喜欢冒险。家庭观念强，比较善于理财。

40 分以下：散漫，爱玩，富于幻想。聪明机灵，待人热情，爱交朋友，但对朋友没有严格的选择标准。事业心较差，更善于享受生活。意志力和耐心都较差，我行我素。有较好的异性缘，但对爱情不够坚持，容易妥协。没有财产观念。

前车之鉴

李强在大学毕业后，几乎每年换一个工作。大学刚毕业那年，先是在一家非营利性机构办公室当文秘。一年后，天天待在办公室的他渐渐对文秘工作失去了兴趣。当时的同学圈中流行卖保健品，在一次聚会中，李强听说身边几个做保健品销售的同学都赚了钱，买了车，于是，第二天他便辞职了，之后去了一家生物制药公司做推销员。由于没有经验也没有客户资源，李强的销售业绩平平，收入仅够维持基本生活开销。半年后，一位朋友推荐他去一家营销策划公司，月薪比当时的行业平均薪酬要高 30%。李强听说后，二话不说第二天便去报到上班。在这家营销策划公司工作了一年后，李强在一次交流活动中遇到一位多年不见的老同学，得知他开了一家小贸易公司，从南方往北方倒腾一些热门商品，“钱”景诱人，正需要帮手。老同学邀约李强一起“干事业”，一起把公司发展壮大。于是，李强又加盟了老同学的贸易公司。一年后，公司出现资金周转问题，生意惨淡，于是李强又离开了老同学的贸易公司，转而去了一位朋友开的广告公司……

就这样兜兜转转，大学毕业多年，李强的许多同学都在自己工作的领域打下了坚实的基础，已小有名气，而李强依旧在各个工作中徘徊。刚开始时，他也曾经为自己的超强适应能力而深感得意，从一个行当跳转到另一个行当，照样可以运转如意。殊不知他所谓的优点恰恰是他最大的弊病，他就像青蛙一样从这片叶子上跳到另一片叶子上，始终没有扎下自己的根。

毕业 10 周年的同学聚会中，看着同学们对各自的生活和事业侃侃而谈，李强既羡慕又后悔不已，不禁问起自己："每次只要听说去别的公司能赚到比现在更多的钱，我就欣然前往，可忙到现在，却只是改善了伙食标准而已，我这样最终能做成什么呢？"

资料来源：做事情与做事业经典励志故事［EB/OL］.（2020－11－08）［2023－03－10］. https://wenku.so.com/d/16669a46adfd3122823d6d61ae1413d0. 有改编.

【案例点拨】"做事业"的人具有事业意识，"做事情"的人缺乏事业意识，具备事业意识与否所产生的差距会随着时间的推移而渐显。对待工作，别人都在"做事业"，而李强只是在"做事情"。因此，当初在一个领域坚持工作下来的那些同学都在事业上有所成就，而李强因为频繁更换工作，最终导致毕业多年仍"碌碌无为"。

在工作中，我们今天所做的一切都是铺垫明天成功的基石，要相信成功或早或迟肯定会来。如果像李强一样今天做这份工作明天换另一份工作，那成功只会遥遥无期。任何一项工作成就的取得都不是一蹴而就的，经营事业的过程也是一个自我不断完善和成长的过程。因此我们需要树立事业意识，把工作与自我成长结合起来，从而使自己的人生不断充实和丰盈，这也是人一生最大的财富和成就。

素养感知

把工作当事业，把岗位当责任①

"无论做人还是做事，一定要想着有用于社会、有益于单位、有助于他人，这样的人生才有价值。"从事水利水电工程建设工作 24 年来，黄龙江把工作当事业，把岗位当责任，让看似平淡无奇的日子变得多姿多彩。

黄龙江自 1997 年大学毕业后，从施工员干起，一步一步成长为如今的高级工程师、公司副总工程师。在长期的水运工程建设管理工作中，他先后担任公司工程建设指挥部指挥长、航电枢纽工程建设指挥部指挥长等职务，主持完成了多个重大水运工程项目，为水运跨越

① 林峰. 全国五一劳动奖章获得者黄龙江：把工作当事业，把岗位当责任［EB/OL］.（2021－05－14）［2023－03－10］. http://gz.people.com.cn/GB/n2/2021/0514/c361324-34725416.html? ivk_sa=1024105d. 有改编.

式发展和高质量发展作出了重要贡献。

自 2014 年 6 月起，作为工程建设指挥部指挥长的黄龙江，坚持奋战在工程建设现场，征地协调、审定重大技术方案和工程进度、质量、安全管理等各项工作，他都亲自抓、亲自干，以务实的态度和“摸着石头过河”的勇气，带领着一班人全力推动工程建设。2016 年和 2018 年都柳江发生特大洪水，面对围堰过水、作业面被水淹、工程受到威胁的紧急情况，他及时启动防洪应急预案，带领指挥部的同事坚守一线，吃住在现场，连续作战 10 天，短短 7 天就排干基坑积水，全面恢复生产，使两个航电工程安全度汛，确保了国家财产安全和人民群众生命安全，为后续工程建设节点目标实现打下了坚实的基础。

黄龙江积极推广先进的技术和施工工艺，组织解决了航电枢纽船闸输水系统水力学、山区河流贯流式机组选型和高效运行、大体积混凝土温控、混凝土碱活性反应危害及质量控制、复杂地质高边坡防护及山区河流航电工程施工期水流控制等多项工程技术难题。他还积极推广微创新 24 项，为打造品质工程打下了坚实的技术基础。

农民与哲学家关于事业心的讨论①

一位农民来到哲学家家里喝茶。农民问：“您是一位了不起的哲学家，但是您每天的生活里，不是阅读就是埋头写作，您会不会觉得枯燥和辛苦呢？”

哲学家说：“我有事业心，愿意为此奋斗，所以并不觉得辛苦，反而非常享受。”

农民问：“什么是事业心呢？”

哲学家思考了片刻后说：“我们来做一个实验怎么样？如果你按照我说的去做，你就知道答案了！”

农民说：“好！”

哲学家说：“你左手握拳，往前伸直，然后右手也握拳，往上高举。接下来向前走，每走两步，左手往左右摆动一次，再走两步，右手垂下再高举，一边做这一系列动作一边转圈走。”

农民听得一头雾水，不明白这动作与事业有什么关系，但还是照做了。半小时后，农民停下来了。

哲学家问：“为什么停下来了呢？”

农民说：“我不行了！太累了，做不了了！”

哲学家哈哈大笑说：“那你会耕地吗？”

农民说：“当然会呀！这是我过去大半辈子的工作，将来也是继续做这个工作的。”

哲学家说：“那你可以告诉我你平时耕地的动作是什么样的吗？”

农民示范动作给他看，他开始左手握拳，往前伸直，然后右手也握拳，往上高举。接下来向前走，每走两步，左手往左右摆动一次，再走两步，右手垂下再高举。农民一

① 一篇小故事，让你明白什么叫事业心．[EB/OL]．(2021-06-16)[2022-06-29]．https://new.qq.com/omn/20210616/20210616A00Y1500.html．有改编．

边做这一系列动作一边转圈走……

这时农民才发现，自己耕地的工作和哲学家实验的动作一模一样！这时候哲学家笑着问他："那你耕地的时候会觉得辛苦吗？"

农民说："不辛苦的，反而觉得很快乐。耕作以后很快就可以有收成了！"

哲学家问："那为什么同样的动作，实验的时候觉得非常累，而你耕地的时候就不辛苦呢？"

农民回答："因为我一边耕地，一边心想着好好耕作后丰收季节里果实累累的情景，所以开心而不疲累。刚才做实验动作的时候，我心里只想着赶紧完成动作，所以觉得很累。"

哲学家兴奋地站起来说："说得对！这就是你问的'事业心'！当你有事业心的时候，每天起早摸黑做同样的工作，大半辈子都一直坚持着，你也不会觉得辛苦，反而觉得一切都是值得的！"

知识链接

一、事业与事业意识

1. 事业

事业，是指人所从事的，具有一定目标、规模和系统而对社会有影响的经常性活动，也指个人的成就。

2. 事业与职业的区别

在现实生活中，人们往往把自己所从事的工作看作一份职业，是谋生的一种手段。大部分人常常是被动地工作，因此较少有进取心和创造性。职业只是个人的、一时的，而事业则是公共的、比较长久的。

3. 事业意识的内涵

事业意识是指个人努力成就一番事业的奋斗精神和热爱工作、希望取得良好成绩的积极心理状态，是人们对自己所从事的事业执着追求的情感和坚定不移的信念，是人类一种高尚的情操。

二、事业意识的发展阶段

事业意识不是天生就有的，而是不断发展而来的，它有三个发展阶段：

第一个发展阶段是工作的心态。它是满足自己和家人物质方面的需要，是一种低层次的心理需要，解决的是社会的就业问题。

第二个发展阶段是职业的心态。它是提升生活质量，满足社会归属的需要，是一种中等层次的心理需要，解决的是社会的管理问题。

第三个发展阶段是事业的心态。它是自我实现，超越自我，满足社会进步和发展的需要，是一种高层次的心理需要，解决的是价值创造和推动社会发展的问题。

事业意识发展的每个阶段都有技能适合的领域，每一个阶段都需要不同的学习能力、不同的工作态度、不同的心智成熟度。

三、事业意识的作用

首先，具有事业意识的人能够根据自己的主客观条件，确立相对困难然而经过努力可以达到的目标，他认为事业的成功比物质报酬和享受更为重要。

其次，具有事业意识的人的精神状态是活跃的，充满活力和生气。他会本着“要干就要干好”的简单法则来全身心地投入工作中，较少受到外界名利等因素的干扰而更具创造性和进取心。

再次，具有事业意识的人的工作姿态是积极主动的，对每个细节都要求尽善尽美。他会认真制订计划、确定工作内容，系统而全面地展开自己的工作；他也会真诚、热情、耐心地与同事沟通，建立和谐的人际关系。

最后，具有事业意识的人的思想境界是高尚的，他会从工作中获得成就感，满足自我实现的需要。

四、培养事业意识的措施

1. 制定目标

对自己的人生进行合理规划，并以基本技能为基准，制定个人短期的和长期的目标。

2. 做好时间管理

做事分清主次，合理分配和运用每天的 24 小时，将工作做好。

3. 保持学习

学习一些处理事情的技巧，提高做事效率；学习专业行业领域知识，为事业打下良好基础。

4. 接纳他人的意见

从不同人的意见中发现有用的信息，并及时将它运用于工作中，帮助自己和团队更好地工作。

5. 学会坚持

哪怕是最简单的工作、最小的技能，也需要个人去坚持，去不断练习，去与枯燥斗争，个人能力才能得到发展，从而创造更多的价值。

6. 提升自我激励与自我管理能力

任何一项事业的发展都是一个漫长的过程，想要获得成就并非易事。因此需要不断地进行自我激励，增加发展事业过程中的满足感，从而驱动个人向前发展。

五、提升职场事业意识的策略

1. 坚定理想信念

牢固树立为理想和事业奋斗的坚定信念，是提升事业意识的思想基础。有了理想信念，就有了立身之本，眼界就宽了，心胸就开阔了，对个人的名利得失就看得淡了，就能满腔热情地去拼搏奋斗了。

2. 改进工作作风

坚持以高标准严格要求自己，在职场上发扬实事求是、求真务实的作风，依据职场上的规章制度约束自己，处理好做人与做事的问题。

3. 增强业务能力

业务能力是一个人工作所需要的素养和本领。业务能力越强，越能适应职场的变化和发展，越能创造更大的价值。因此，丰富工作领域的知识面，练就过硬的业务本领，是提升事业意识的重要环节。

4. 培养坚毅的品格

在职场中，每个人都或多或少会遇到挫折或瓶颈。面对这些困难，要迎难而上，培养坚毅的品格，用行动改变现状，不断发现问题、解决问题，从而获得进步。

5. 提高自我调节能力

在职场中，每个人都会出现各种各样的情绪，尤其在工作初期，总会出现这样那样的问题，这是很正常的。这时候，我们一定要主动跳出情绪圈，靠近正能量的人或者圈子，主动进行自我调节。具有高度自我调节能力的人，一般都有非常强烈的自信心和成就感，往往更能实现自己的目标。

6. 发挥创新精神

在职场中，每个人都应始终保持与时俱进、奋发有为的精神状态，认真研究面临的新情况、新问题，善于运用创新思维来推动各项工作的发展，为事业的发展提供有价值的参考。

训练提升

课堂活动——叠千纸鹤比赛

1. 活动主题

叠千纸鹤比赛。

2. 活动时间

40 分钟。

3. 活动道具

彩纸、剪刀、彩笔。

4. 活动规则

（1）模拟企业的生产车间，分不同的小组（5 人为一组）进行比赛。

（2）根据以下步骤开展叠千纸鹤的活动：

A. 折出千纸鹤身体。把一张纸沿着对角和上下各自对折，然后折叠起来成一个正方形并且把正方形两端沿着折痕向内翻折。

B. 折出翅膀。把两端角向内折叠并且合拢，把下端部分向上对折。

C. 进行收尾处理。把翅膀对折几下形成褶皱，对嘴巴进行处理。

通过以上步骤，一只普通的千纸鹤就折好了。

（3）小组商量分工，每人负责一道程序，按照叠千纸鹤所需要的程序进行不同的分工：1 人负责裁剪彩纸、1 人负责折出千纸鹤的身体、1 人负责折出翅膀、1 人负责收尾处理、1 人负责用彩笔在千纸鹤翅膀上抄写祝福语。

（4）在规定的时间内，叠千纸鹤数量多、质量好的小组获胜，采用企业计件工资的方式发放奖品（表扬或奖励）。

5. 活动分享

如果你到企业参加工作后，在一线从事简单平凡甚至枯燥无聊、每天重复循环的工作，工资采用计件的方式发放，你将如何面对呢？

户外拓展——盲人运球

1. 活动时间

45 分钟。

2. 活动道具

眼罩、篮球、任务卡、干扰卡、桶。

3. 活动规则

（1）学生分成若干组，每组 1 个篮球和若干个眼罩、1 张任务卡、1 张干扰卡。

（2）选 1 人为队长，选 1 人为副队长。队长负责完成起始任务——做篮球动作，并根据任务卡中的内容安排分工，副队长则负责处理干扰。

（3）比赛开始后队长站在起点处，副队长站在距离起点 10 米处。

（4）队员根据任务要求，两人为一组用背部夹住篮球，合力将篮球运至副队长处。副队长根据干扰卡要求对队员进行干扰处理——戴上眼罩并指挥队员将篮球运回起点处放入桶中。

（5）除开始的时候放球外，游戏全程双手不可触球，若出现违规则回到上一环节重新开始。

（6）用时少的队伍获胜。

4. 活动启示

要想实现事业发展，必须要学会分工合作。这个游戏需要明确团队分工，每人根据自己擅长的部分来共同完成任务。看似简单的操作步骤，其实需要每个队员将自己负责的那部分做好，才能在最短的时间内完成任务。在游戏的过程中，任何一位队员出现失误，都会导致任务失败，因此需要每位队员认真对待所负责的工作。在发展事业的过程中，每个人都需要提高事业意识，即使再简单的工作也要做好、做精，事业才能获得成功。

课后延伸

具有事业意识的历史名人①

明代地理学家徐霞客，从 21 岁出游太湖开始，直到逝世为止，一生都在旅行。他的足迹遍布全国名山大川。旅途中他历尽千辛万苦，但他每一天晚上都会执笔写游记。游记中有对岩溶地貌的系统研究，这比欧洲人对石灰岩进行系统考察和分类早了 200 多年。

著名作家巴金曾为自己做过一幅“自画像”：每天每夜热情在我的身体内燃烧起来，好像一根鞭子在抽我的心。眼前是无数惨痛的画面，大多数人受的苦和我自己的苦，它们使我的手颤动。我不停地写着。环境永远是这样的单调——在一个空敞的屋子里，前面是堆满书报和稿纸的方桌，旁边是那几扇送阳光进来的玻璃窗，还有一张破旧的沙发和两个小圆凳。人的手不能制止地迅速在稿子上移动，似乎许多许多人都借着我的手来倾诉他们的痛苦。我忘了自己，忘了周围的一切。我变成了一架写作的机器。我时而蹲在凳子上，时而又站起来走到沙发面前坐下激动地写字。就这样，我写完了我的长篇小说《家》和其他的中篇小说。

历史上的杰出人物，在对事业的追求中表现出了对生活的满腔热情，并把这种热情集中化为强烈的事业意识。正是这种炽热而执着的事业意识，才使他们为人类作出巨大的贡献，并在这种贡献中实现了自我。

获评劳动模范的“快递小哥”：把职业当事业②

一个人、一辆车、两部手机，日复一日地扫描、派件、装货、卸货……每天 8:30，“快递小哥”陈俊安都会准时出现在服务点，轻车熟路地操作起各个环节。他不仅将这样繁复的工作流程持续了 5 年，还在这 5 年内保持了零投诉、零差错的纪录。

在工作中，陈俊安所负责片区的居民居住相对分散，每次派件前他都需要提前联系客户，与对方约好时间后再送货上门。“随叫随到、不辞劳苦、任劳任怨”成了陈俊安的工作宗旨，他也很快融入了快递行业，并凭借扎实的业务能力和用心的服务态度，保持了全年零投诉纪录。

2018 年，陈俊安所在的公司对奖励的考核指标进行升级，但这并没有难倒陈俊安，反而激起了他的斗志，让他重新树立了奋斗目标。认真完成每一件快递的投送，热心对待每一位客户，陈俊安每天早出晚归。

终于，通过不懈的坚持，陈俊安在 2019 年和 2020 年连续获得公司快递员的最高荣

---

① 汤俪瑾．自我实现的主体意识［J］．安徽电力职工大学学报，2000（4）：18－20．有改编．

② 叶小钟．获评劳动模范的“快递小哥”：把职业当事业［EB/OL］．（2021－08－06）［2023－03－25］．http://news.china.com.cn/2021－08/06/content_77676517.htm．有改编．

誉。除了派件，陈俊安还会主动开发寄件客户，把每一次派件都当成开发客户的机会。他认为："能不能做到及时、安全、诚信，也决定了客户会不会把单子交给你；平时工作中要把客户需求当成工作目标，而不仅仅是把货送到就完事了。"

"千淘万漉虽辛苦，吹尽狂沙始到金。"5 年间，陈俊安凭着干劲和用心付出，收获了属于自己的那份"小成就"。陈俊安说："我始终保持着创业者的心态，自己就是老板，工作岗位就是自己的企业，多劳多得。既然决定成为一名快递小哥，无论条件有多困难，都要坚持努力、用心、勤快地做事。"

他的手指尖，藏着大国工匠的所有深情①

技术报国，一干就是 39 年，从没离开一线岗位，李斌用一双巧手撬动冰冷的数控机床，为国家和企业"雕琢"着中国智造的梦想。

国家科技进步二等奖、连续四届全国劳模、中华技能大奖、全国十大高技能人才楷模……李斌有着太多的荣誉和光环。在李斌的徒弟们心里，这些荣誉承载着大国工匠的精神与灵魂，是从人工手动操作渐进为数控技术过程中的路标，更是中国制造向中国智造转型的缩影。

20 世纪 80 年代，还是"小年轻"的李斌，两次赴瑞士学习最先进的数控技术。在外国人不愿意教、自己偷偷学的几个月后，他成了瑞士公司第一个来自中国的工人调试员，开始指导外国工人。

回国后，作为技术"大拿"，他带领团队历经 200 多次试验，突破技术瓶颈，打破跨国大公司的技术垄断，实现了我国中高端液压元件的国产化。在我国新一代主战坦克里，就安装着由李斌领衔研发的拥有自主知识产权的高端液压泵马达。

李斌的徒弟朱尽勤介绍，数年前，厂里引进了 6 系列高压轴向柱塞泵全套图纸，"但外国人根本不给我们工艺，还说就算有了图纸，我们也做不出合格的产品。企业试制，屡试屡败"。李斌主动请缨，领衔承担"高压轴向柱塞泵/马达国产化关键技术"的攻关。这是一项具有世界级先进水平的攻关，其中有个戒指形状的柱塞环零件，被称为"指环王"，是最大拦路虎。

李斌团队经过 200 多次试验，终于将"指环王"拿下了。这一项目还带动了相关技术的持续创新，李斌先后申请了相关技术 19 项发明专利及 21 项实用新型专利，"高压轴向柱塞泵/马达国产化关键技术"获得了国家科技进步二等奖。

"只要我们有一颗追求高标准、高品质的匠心，有一种不达目标决不放弃的精神，始终对自己所从事的职业充满感情、充满忠诚，就一定会走得更好更远。"在 2017 年的全

---

① 吴迪．他的手指尖，藏着大国工匠的所有深情［EB/OL］.（2019-09-25）[2023-03-10]. https://www.workercn.cn/350/201909/25/190925073003028_4.shtml；朱基钗，许晟，娄辰．匠心如何归来？——工人代表谈工匠精神［EB/OL］.（2017-03-05）［2023-03-10］. https://finance.people.com.cn/n1/2017/0305/c1004-29124603.html. 有改编．

国两会发言中，李斌深切地表达了自己的感受："我认为工匠精神的核心是坚守和孜孜不倦，把自己的工作当作一项事业来追求，没有什么高低贵贱。所谓'三百六十行，行行出状元'，做一行要爱一行。"他同时表示，要成为大国工匠，往往需要十几年、几十年的工夫，必须要有一种事业心和责任感，没有什么捷径可走。

我的职业素养心得

这节课，我收获了____

____

____

____

____

____

____

____

____

第二节 阳光心态
——运用阳光心态，开启舒心职场

目标导读

知识目标：帮助学生了解阳光心态的内涵、意义与特点。

能力目标：让学生掌握塑造阳光心态的方法，学会合理调整心态，积极地面对工作。

素养目标：认识到阳光心态对于个人生活和工作的重要性，不断提升心态管理能力，以积极阳光的心态生活和工作。

自我职业素养探索

你的心态如何？

心理状态既有暂时性，又有稳固性。在平时的生活和工作中，你的心态是怎么样的呢？下面我们一起去测测吧！

1. 路边看见流浪猫，你会（　　）。

A. 可怜，买东西喂它吃吧——跳至问题 2
B. 领回家养着——跳至问题 3
C. 不干我事，不想浪费时间——跳至问题 4
2. 以下情况，你最有可能发生的是（　　）。
A. 东西在自己手中，却到处乱找——跳至问题 3
B. 关门时不拔钥匙——跳至问题 4
C. 买东西付钱后没把东西带走——跳至问题 5
3. 如果你发现朋友背叛了你，你（　　）。
A. 忍忍就过去了——跳至问题 4
B. 摊牌，大吵一架——跳至问题 5
C. 分手，没有商量的余地——跳至问题 6
4. 在与朋友相处时遇到误会解不开，这时你会（　　）。
A. 努力和对方沟通——跳至问题 5
B. 解不开就算了，冷战一个月就行了——跳至问题 6
C. 果断分开，肯定不合适做朋友——跳至问题 7
5. 下面最能吸引你的是（　　）。
A. 美食聚集之地——跳至问题 6
B. 风景秀丽之地——跳至问题 7
C. 历史文化悠久之地——跳至问题 8
6. 喜欢的东西被抢了，你会（　　）。
A. 不属于自己的东西，不要也罢——跳至问题 7
B. 二话不说，抢回来——跳至问题 8
C. 就当是礼物送给他吧——跳至问题 9
7. 你上次跟别人吵架（　　）。
A. 是一个月之前的事了——跳至问题 8
B. 已经不记得了——跳至问题 9
C. 就这两天——跳至结果一
8. 出远门时，你觉得带（　　）最重要。
A. 好吃的——跳至结果三
B. 钱——跳至问题 9
C. 地图——跳至结果四
9. 现实生活教会了你（　　）。
A. 乐观——跳至结果一
B. 珍惜——跳至结果二
C. 知足——跳至结果三

【测试结果】

结果一：好心态指数99%

你是个特别简单的人，所以你活得安静，也懂得知足。性子大大咧咧，没有歪心思，比较耿直，通常有什么就说什么，不会跟人斤斤计较。在你看来，多一事不如少一事。

结果二：好心态指数80%

你是一个活得特别明白的人，对现实中的事物拎得清楚。你习惯隐藏自己的真实想法，而且忍气吞声之后也懂得排解情绪和宽慰自己。这种性格看似有些委屈自己，但在事业上这属于你的一大优势，遇事冷静不慌张，随机应变能力很强，让很多事情能顺利进行。

结果三：好心态指数60%

你的情商挺高的，对很多事情能够防患于未然，阴谋诡计在你面前都无所遁形。你看得很清楚，知道自己该做什么、不该做什么。正因为看得太清楚，因此活得不是特别乐观。你在面对这个世界的时候，有时会手足无措，很难控制自己低落的情绪。

结果四：好心态指数30%

你是一个谨慎、多愁善感的人，很多事情还没开始你已经做好了最坏的打算。虽然这样的态度可能让你有强大的意志承受失败，但也会消磨你的耐心。摆正心态，从不同的角度多去看看，很多事情就会有不一样的结果。

前车之鉴

又到了毕业季，张傲眼看着离校的时间越来越近，终于开始紧张起来。想当初自己对舍友说出的豪言壮语："一毕业肯定能找到高薪工作，坐在办公室吹着空调轻轻松松，过上幸福人生。"然而，"这个工资太低，瞧不起谁呢？""这个没有双休，太辛苦了！""这份工作要加班，占用我的休息时间，不去了。"就这样，张傲放弃了很多工作机会。

刚打完游戏的张傲靠在椅子上，眼看着舍友们一个个找到工作搬离宿舍，自己却还在为游戏的输赢敲打着键盘，他不禁发出感慨："啊，找份轻松、工资高的工作，好难啊！"这时，舍友王强的电话来了："我这边的主管说正好缺个人，要不来试试？"张傲想着马上要离校了，工作还没着落，那就试试吧。

上班的第一天，张傲就睡过头迟到了。被主管一顿批评之后，他愤愤不平地暗自说道："等着瞧吧，以我的能力，这份工作还不是轻轻松松搞定。"于是，他总是抓住机会偷懒，把工作拖到最后完成。而此时的王强却一丝不苟地向同事请教和学习，积极完成每项工作。不久，在公司表彰会上，王强被评为了优秀新员工，工资也提升了。此时张傲暗自嘀咕："同是刚进来的，凭什么你王强就比我厉害。"

听闻了同事对张傲投机取巧的不好传言，王强私下找到张傲，真诚地把自己请教学来的内容倾囊相授给他，并劝他和自己一起考相关的行业证书，追求更好的发展。但张傲却听不下去，只觉得王强是在向他炫耀。于是他越发地愤世嫉俗，对于同事取得的成绩羡慕嫉妒，而私下则整天抱怨领导不赏识自己。

张傲在公司里的非议越来越多，他和同事的关系也渐渐疏远了。最终，公司对于充满负能量且不作为的他采取了清退的措施。

【案例点拨】心态对于我们找工作非常重要，尤其是对初入职场的毕业生来说更是关键。案例中的张傲没有正确的求职心态，眼高手低，不虚心向同事学习，在职场上消极抱怨而不认真对待工作，最终被公司清退。可见，心态对于职场人是多么重要，心态的好坏决定我们在职场能走多远。让我们一起学习如何有效做好心态管理，用积极阳光的心态在职场上绽放辉煌。

素养感知

残奥运动员张海原：用阳光心态，创造精彩人生[①]

在北京冬季残奥会高山滑雪女子比赛中，45 岁的张海原位列大回转项目第六，止步于回转项目第一轮，完成了自己的冬季残奥会首秀。虽然没能登上领奖台，但她收获了现场热烈的掌声和欢呼，也收获了宝贵的人生经历。

张海原在儿时因事故导致左腿粉碎性骨折，但热爱运动的她并没有就此颓废。她说：“我一样可以跑得更快，跳得更高!”这不是随便说说，热爱与勤练，成为她的“翅膀”。从 1996 年开始，张海原在残疾人田径赛场找到自己的赛道，在跳远、跳高、马拉松等项目中，屡屡收获佳绩。2004 年雅典残奥会上，张海原以 3.67 米夺得女子跳远 F42 级金牌，同时将自己保持的世界纪录提高了 17 厘米。2015 年北京申办冬奥会成功后，张海原决定跨界跨项，转练残奥会高山滑雪，在北京冬季残奥会的赛场上继续自己的运动生涯。

“一路走来肯定克服了不少艰难险阻吧?”很多记者都会问到类似的问题。张海原却说：“体育早已成为我生命中不可或缺的一部分，所以别人眼里的苦和累在我看来都不是问题。坚守的同时也是在享受，积极面对一切。与其说是在证明什么，不如说这就是生活的意义。”

“虽然没能实现双奥冠军梦，但我每一次滑行都全力以赴，积极面对，不想辜负自己多年的努力和国家的培养。”张海原说，“高山滑雪是勇敢者的运动，从事这项运动的所有运动员，都值得钦佩。”

从雅典到北京，走过 18 年，张海原已不再需要用奖牌证明自己，她的执着、顽强、阳光、积极，早已超越胜负。张海原最后说道：“我希望通过自己的经历鼓舞更多残疾人朋友，勇敢地走向社会，乐观积极地面对生活。只要坚持不懈，阳光积极向上，每个人

① 李洋，刘硕阳. 乐观积极，创造精彩生活——新闻报道—中国共产党新闻网［EB/OL］.（2022-03-15）［2022-03-18］. http://cpc.people.com.cn/n1/2022/0315/c64387-32374838.html. 有改编.

都可以创造属于自己的精彩生活。”

阳光心态照亮职业前景①

张三和李四同时受雇于一家店铺，拿同样的薪水。一段时间后，张三青云直上，李四却原地踏步。李四想不通，老板为何厚此薄彼？

老板于是说：“李四，你现在到集市上去一下，看看今天早上有卖土豆的吗？”过了一会儿，李四回来汇报：“只有一个农民拉了一车土豆在卖。”

“有多少？”老板又问。

李四没有问过，于是赶紧又跑到集上，然后回来告诉老板：“一共 40 袋土豆。”

“价格呢？”

“您没有叫我打听价格。”李四委屈地申明。

老板又把张三叫来：“张三，你现在到集市上去一下，看看今天早上有卖土豆的吗？”

张三很快就从集市上回来了，他向老板汇报说：“今天集市上只有一个农民卖土豆，一共 40 袋，价格是两毛五分钱一斤。我看了一下，这些土豆的质量不错，价格也便宜，于是顺便带回来一个让您看看。”张三边说边从提包里拿出土豆，“我想这么便宜的土豆一定可以挣钱，根据我们以往的销量，40 袋土豆在一个星期左右就可以全部卖掉。咱们要是全部买下的话还可以再适当优惠。所以，我把那个农民也带来了，他现在正在外面等您回话呢……”

此时老板对李四说：“现在你知道为什么张三的薪水比你的高了吧？”

同样的职场，心态造就不一样的人生。在平时的工作中，我们不能让懒惰的情绪占据我们的思想。我们要以积极的心态，在工作中充分发挥自己的主观能动性，尽可能出色地完成任务，这样才有机会在职场上越走越远。

知识链接

一、阳光心态的内涵

心态是指在思想观念的支配下，一个人的为人处世态度和心理状态的总和，它是一个人内心和外在的和谐统一。

积极心态即阳光心态，主要是指积极的心理态度。它是个体对待自身、他人或事物的积极、正向、稳定的心理倾向，是一种良性的、建设性的心理准备状态。阳光心态是适应环境的积极心态，是一种能让我们保持平和、温暖、有力、向上的心态，它能帮助我们实现自我身心的和谐。

① 找到最大的差别［EB/OL］.（2021－03－30）［2023－03－10］. https://www.pinshiwen.com/qingshaonian/zhihui/20210330317487.html. 有改编.

总体来说，阳光心态具有以下四种内涵：

（1）不能改变环境就适应环境。

（2）不能改变别人就改变自己。

（3）不能改变事情就改变对事情的态度。

（4）不能比较就改为接纳。

二、阳光心态的意义

1. 阳光心态通向幸福生活

人类几千年的文明史告诉我们，阳光心态能帮助我们获得健康、幸福和财富。阳光心态是一种知足、感恩、豁达的心态，是一种健康的、美好的心态。无论是在生活中还是在工作中，我们都应拥有阳光心态，把每天产生的消极情绪转化为积极向上的乐观心态。阳光心态能让人心境良好，人际关系正常，积极适应环境，它的最终目标是让人幸福快乐。

2. 阳光心态促进潜能发挥

俗话说，一个健全的心态比一百种智慧更有力量。阳光心态让人享受工作带来的快乐和生活带来的激情，让人保持积极向上的精神，变压力为动力，进而对职业成长和发展产生良好的助推作用。阳光心态具有令人高效且持续自我满意的心理状态，在这种状态下人能作出良好的反应，充满生命活力，能充分发挥其身心潜能。阳光心态就是一针强心剂，让人毫不畏惧地击败所有的困难。

3. 阳光心态提升工作效率

职业化的阳光心态要求职场人要有积极认真的态度，能够高效完成任务，做到当日事当日毕；工作中乐观积极，乐于主动帮助别人，不抱怨指责；坚守承诺，坚持到底不放弃；坚定不移相信自己，接受挑战。它是一种达观、积极与进取的心智，具备这种心态能够让人变得自信而不张扬，深刻而不乏亲和力。当拥有了阳光心态时，我们与他人的沟通成本与矛盾冲突也会大大降低，同时工作效率会获得提升，进而促进职业生涯的发展。

三、阳光心态的特点

阳光心态是一种坚强、乐观、变通、善良、宽容、知足、感恩的心智模式，是一种积极创造生活并懂得享受生活的生活理念，是一种充满活力与动力并能战胜困难的力量，是一种深刻而不浮躁、谦和而不张扬的和谐之美。

阳光心态有以下特点：

（1）执着：对个人、团队目标和信念坚定不移。

（2）挑战：勇敢地挺身而出，积极地迎接变化和新任务。

（3）热情：对自己的工作具有强烈感情和浓厚兴趣。

（4）奉献：全心全意完成工作或处理事务。

（5）激情：始终对未来充满憧憬和希望，并全力以赴地投入。

（6）愉快：乐于接受生活中的一切，并乐于与人分享自己的成功。

（7）爱心：助人为乐，常怀感恩之心。

（8）自豪：因自身价值或团队成绩而深感自豪。

（9）渴望：强烈的成功欲望。

（10）信赖：相信他人和集体的素质、价值和可靠性。

四、职业化阳光心态

职业心态是指在职业生涯中根据职业的需求，在开展职业活动时对自己及职业的各种心理反应或表露出来的心理感情。阳光化职业心态是营养品，会滋养我们的人生，积累自信，成就大事业。职业化必备的 18 种阳光心态如下：积极的心态、主动的心态、空杯的心态、学习的心态、双赢的心态、包容的心态、自信的心态、行动的心态、老板的心态、方圆的心态、舍得的心态、反省的心态、服务的心态、服从的心态、奉献的心态、竞争的心态、专注的心态、感恩的心态。

五、塑造职业阳光心态的方法

1. 学会感恩，善待他人

在工作中，我们总会遇到这样或那样的困难，不可能脱离他人而单打独斗，由此便产生了人际关系。以感恩之心对待工作和同事是我们应该有的心态。感恩需要我们在实际工作中做到敬业爱岗，并尊重、关心及协助他人。懂感恩的人才可能有担当、敬畏及宽容的视角，能够善待他人，通常也会持续做正向的积累，会让自己的职场之路越走越宽。那些处处算计、利益至上的人，往往个人职场之路只会越走越窄。

2. 改变态度，塑造信念

心态不同，得出的结果往往也不同。当我们在职场中面对压力或挑战时，用积极乐观的心态去看待并去认真对待，往往会有意外惊喜。比如，在公司的售后部门做客服工作，每天可能会接到各种投诉电话，甚至会遭到客户的谩骂。没有好的心态，这个工作很难做下去。但客服的价值在于帮助客户解决问题，同时帮助公司提升和改进工作。改变了态度就有了激情，有了激情就有了奋发向上的信念，结果也会发生变化。

3. 珍惜时间，活在当下

很多人喜欢把今天的任务拖到明天，明天又拖到后天，等到最后才发现很多事情堆在一起无法完成。“今日复明日，明日何其多，我生待明日，万事成蹉跎。”我们应该珍惜时间，努力完成当下要做的事情，做到对自己的现状满意。要相信每一个时刻发生在自己身上的事情都是最好的，相信自己的生命正以最好的方式展开。

4. 换位思考，学会宽容

在职场上，要学会换位思考，学会宽容。学会“换位思考”，需要我们切实做到以下三点：第一，学会自省；第二，学会宽容；第三，善于理解。自省是一种态度，也是一种习惯，是我们日常生活中需要掌握的技能，也是职场上很容易被大家忽视的一种手段。当你从自身角度进行了自省，然后用宽广的胸怀拥抱对方后，站在对方的角度宽容他人，

也释怀了自己。如果我们一直站在自己的角度，用自己惯用的思维习惯方式思考问题，往往会限制我们的职业发展。

5. 树立目标，挑战自我

一个人如果没有人生目标，就不知道自己的落脚点在哪里，且一遇到困难就会产生诸多负面情绪。一个人一旦有了自己的目标，就会正视、迎接困难，勇于挑战，充满斗志，其生活和职业生涯也会越来越阳光。越是害怕的事情，你越要尝试着去做。害怕自己做不好的人，可能永远都不会做，也没有实现的可能性。如果我们正视困难、迎接困难，消灭心中的“害怕”二字，将会迎来越来越多的成功。

6. 暗示激励，享受生活

心理学研究表明，有效的、积极的暗示能提高自我价值的认识，建立充分的自信。这里有三种常用的暗示激励方法：第一，自我言辞暗示。如誓师大会、座右铭等暗示。第二，角色假定暗示。如想象自己是某成功者，假定自己是承担某种特殊使命的人。第三，梦想般暗示。即将自己的理想在脑海里形成一个画面，或剪贴一张真实的画贴在墙上经常不断地看，从而促使自己行动。做一件事情，你可以高高兴兴地做，也可以痛苦不堪地做。一旦你选择快乐，以自我暗示激励、享受生活的态度对待每一件事，你将充分体验到人生的乐趣。

训练提升

课堂活动——故事接龙

1. 活动道具

教师提前准备故事素材，比如：“有一天，米老鼠心情特别不好，因为它看到外面的阳光太强烈了，太热了！”

2. 活动时间

10～20 分钟。

3. 活动规则

全体成员在一起接龙讲故事。刚开始以一个负面或消极的场景来展开。比如："有一天，米老鼠心情特别不好，因为他看到外面的太阳太大了，太热了！"然后下一个人把故事引向积极的方向。比如："虽然很热，不适合去游乐场，但是可以去游泳啊！米老鼠已经很久没有和唐老鸭一起去玩水了！"下一个人再继续讲一个负面或消极的场景，再由另一个人把故事引向积极的方向，依次轮流着讲故事。

4. 活动启示

游戏教给同学们要积极地看待事物。心态是否阳光、积极，在任何处境之下是否能够享受当下并充满希望，对于一个人的快乐生活会产生特别大的影响。培养阳光心态，凡事想到积极的一面，胜不骄，败不馁，平和而努力不懈。

户外拓展——同心鼓

1. 场地要求

空旷的、无阻碍的室外场地。

2. 活动道具

同心鼓道具（一只鼓，四周均匀地连接 12～16 根绳子，一个球）；活动记录表。

3. 活动时间

20～40 分钟。

4. 活动规则

（1）一人拉一根绳子，人数少时一人拉两根绳子，然后众人一起把鼓拉起来。

（2）抓住绳子不能超出绳头 30 米内的长度。若绳头有把手，则抓住把手即可。

（3）球被连续颠起才能计分。若是球落地，则颠球数量要重新开始计算。

（4）教师开始根据情况给予每队几分钟时间来练习，练习结束后正式比赛。在比赛中，每队颠球次数超过 10 个（含 10 个）方为有效成绩，每次挑战的颠球数量没有达到 10 个则挑战失败，必须重新开始。

5. 活动启示

一个人颠球容易，一群人颠球难。每个人的心态都要平稳，切勿激动，也不要消极。事态的发展就像落下的球，球总会偏离原来的轨迹，发生新的变化，此时每个人都要做出适应变化的调整。不管发生什么事，都要以最积极向上的态度去面对，相信做好每一步就能让事情发生转机。

课后延伸

用感恩的心态面对一切

小王在一家软件公司当程序员已经八个年头了，然而公司却面临着破产，巨大的经济压力使他喘不过气来。

于是，小王开始了漫长的求职之路。一天，小王在报纸上看到一家软件公司要招聘程序员，待遇非常好。他立刻赶到该软件公司，准备参加应聘。应聘的人实在太多了，竞争异常激烈。经过简单交谈，公司通知他一个星期后参加笔试。在笔试中，小王再次顺利过关，剩下的是两天后的求职面试了。

然而，在这最后一关中，小王没被选中。不过他并没有灰心丧气，而是给这家公司的人力资源部写了一封信，以表感谢之情。信中这样写道："感谢贵公司花费人力、物力，为我提供了求职面试的机会。虽然我落聘了，但通过应聘使我大长见识，获益匪浅……"人力资源部的人收到这封信后，无不为之感动。

三个月后，新年来临。小王收到了一张精美的新年贺卡，上面写着："尊敬的王××先生，如果您愿意，请和我们共度新年。"贺卡正是他上次应聘的公司寄来的。原来公司又出现了职位空缺，他们第一个就想到了小王。十几年后，小王凭借出色的业绩，一直做到了公司的副总裁。

在生活和职场中常常保持阳光心态，以感恩的心面对一切，你会发现人生会越来越精彩。

阳光心态之"坚持到最后才是胜利"①

一个青年刚刚大学毕业就找到了一份人人羡慕的高薪工作——在一个海上油田钻井队里做技术员。工作的第一天，领班要求青年在限定的时间内登上二十多米高的钻井架，把一个包装好的漂亮盒子拿给主管。

青年对这个任务信心百倍。他拿着盒子，快步登上狭窄的舷梯。当青年气喘吁吁地登上顶层，把盒子交给主管时，主管只在盒子上面签下自己的名字，又让他送回去。于是，青年按照吩咐又快步走下舷梯，把盒子交给领班。领班同样也是在盒子上面签下自己的名字，让他再次送给主管。

青年此时有些不耐烦了，他觉得这项工作一点意义也没有。可是领导的命令又不得不执行，于是青年又转身登上舷梯。当他第二次登上井架的顶层时满头大汗，两条腿抖得厉害。主管和上次一样，只是在盒子上签下名字，又让他把盒子送下去。青年擦了擦脸上的汗水，无奈地转身走下舷梯。然而，领班还是在签完字以后让他再送上去。

青年有些生气了，他觉得主管和领班是在跟他开玩笑。他长长地叹了一口气，尽力忍着不发作，抬头看着那已经爬了数次的舷梯，擦了擦满脸的汗水，拿起盒子，步履艰难地继续往上爬。当他上到顶层时，浑身上下已被汗水浸透了。他第三次把盒子递给主管，主管看着他慢条斯理地说："请你把盒子打开。"青年打开了盒子发现里面竟然是两个玻璃罐：一罐是咖啡，另一罐是咖啡伴侣。

青年终于无法克制心头的怒火，把愤怒的目光射向主管。主管接着对他说："请你把咖啡冲上。"这时，青年将所有的愤怒和不满全部发泄了出来，他"啪"的一声把盒子扔在地上，大声地说："我不干了！"

---

① 网上人大．职场励志故事——坚持到最后才是胜利［EB/OL］.（2018-09-06）［2023-3-23］. https://wenku.so.com/d/8eb23dd5b15d9fa881ee03c69f3a8a7e. 有改编.

此时，主管摇了摇头，对青年说："很遗憾，如果你再忍耐一下，你就可以通过我们的'承受极限训练'考验了。因为我们是在海上作业，随时会遇到危险，要求队员们有极强的承受力，这样才能成功地完成海上各项作业任务。你已经通过了前面三次，只差最后一关，你没有喝到自己冲的胜利的咖啡。因此，对不起，您不能在这里工作了。"

忍耐，对于每个人来说都是痛苦的。但是，成功往往是在你忍耐了常人所无法承受的痛苦之后，才出现在你面前的。职场上，当困难来临时，请再坚持一下，用阳光心态积极面对，坚持到最后才是胜利。

踏实主动才是大智慧①

有两个年轻人同在一家车行里工作，关系很好，以兄弟相称。上班时间，哥哥总不肯闲着，他一会儿扫地，一会儿擦玻璃，有时还帮助别人干活儿。弟弟却不那么勤快，没有急活儿的时候他总是懒洋洋地躺着。

一天，车行里来了一位中年顾客，他的汽车出了点毛病，想让这两个年轻人给修理一下。弟弟刚刚吃完饭，正在休息呢，哪里肯干活儿。哥哥走了过去，给汽车做了检查，发现汽车的故障较复杂，第二天才能修好。于是他对那位先生说："您放心地交给我吧，车子明天一定能修好。"客人听到这话，放心地走了。

哥哥一刻不停地忙了起来。他不但修理好了汽车的毛病，还把汽车里里外外擦得一尘不染。这时，躺在一旁的弟弟嘲笑他说："老兄，别太傻了，不该干的活儿也干了，那么主动有什么用!"哥哥却笑了笑说："反正我也没事做，等明天顾客来取车时看到车子焕然一新，心里一定很高兴。"

第二天，那个顾客来取车了。他看到修好的汽车后非常吃惊，连声感谢修车的哥哥，并对他说："我是××公司的董事长，你为我修车的勤快、细致、周到的精神，深深感动了我。你很优秀，你愿意到我的公司去工作吗?"哥哥欣然答应，他的命运也从此发生了改变。经过努力，哥哥很快当上了公司的部门经理，而弟弟却仍然在车行里做着他觉得枯燥的工作。

比起弟弟的自作聪明，哥哥的踏实认真、积极主动，用阳光心态面对生活才是大智慧。

我的职业素养心得

这节课，我收获了____

____

____

____

____

① 职场励志加油站［EB/OL］.（2021－03－1）［2023－3－03］. https://tongxiehui.net/by/6050575e6c08f.html. 有改编

第三节 目标信念
——树立目标信念，成就职业梦想

目标导读

知识目标：了解职业目标的内涵、构成、确定措施与目标管理的SMART法则；了解职业信念的内涵、构成与培养措施。

能力目标：能够运用目标管理SMART原则确定个人职业目标；能够在职业目标实现过程中自觉坚定职业信念。

素养目标：坚定职业目标信念，自觉进行职业生涯规划，实现个人价值与社会责任的统一。

自我职业素养探索

职业目标小测试①

有目标才有奋斗的方向，才有前进的动力。因此，明确职业目标，是你职业发展道路上关键的一步。你是否清楚地了解自己的职业发展目标？是否对自己的职业生涯充满渴望与好奇？下面的小测试能帮助你了解自己。

1. 办公室装了一台新电脑，你会（　　）。

A. 尽量避免使用它

B. 很愿意使用它

C. 向别人请教如何使用它

2. 在公司举办的舞会上，别人在跳一种你不会的舞蹈，你会（　　）。

A. 站起来，学着跳

B. 看着别人跳，直到出现自己会跳的舞曲

C. 请朋友私下里教你跳新舞步

3. 和朋友去一家西餐厅吃饭，你想用刀叉，可又不会用，你会（　　）。

A. 看明白别人如何使用后再拿起刀叉

① 实用文档. 职业目标小测试[EB/OL]. (2018-05-26)[2023-03-09]. http://www.doc88.com/p-1485044140546.html.

B. 仍然使用筷子和勺子

C. 在别人不知道的情况下请教服务员

4. 你身处异地，对当地方言知之甚少，于是你（　　）。

A. 只用有把握的词句

B. 讲普通话

C. 尽可能多地使用方言，相信别人都是友好的

5. 你打算做个书架，可从来没有用过电钻，你会（　　）。

A. 雇其他人

B. 求助于朋友或技术手册

C. 买材料自己试着做

6. 你出席一次不甚了解的研讨会，你会（　　）。

A. 提出许多问题

B. 假装能领会别人的意思

C. 会后查一下没有弄懂的地方

7. 你走进一家时装店，结果发现店里只有几件衣服，而且都没有价签，你会（　　）。

A. 转身出去

B. 举止自然并询问是否有自己尺码的衣服

C. 为避免尴尬，看一下陈列的衣服，然后离开

8. 公司领导让你做一件你从未做过的事情，你会（　　）。

A. 说“可以，不过我需要帮助”

B. 有礼貌地拒绝，因为它超出了你的经验范围

C. 埋头于这项工作，尽量把它干好

9. 街上流行一种时髦的衣服，你会（　　）。

A. 仍旧穿以前的衣服，觉得新衣服不合适

B. 立即买一套穿上

C. 观望一段时间，如果周围朋友都买了，再去买一套

10. 如果你做的某项工作需要根据某一公式重复计算 20 次，并有一台计算机可供使用，而你又从未用过计算机，你会（　　）。

A. 请教某人或计算机使用手册，在计算机上计算结果

B. 愿意多花点时间，用手重复计算

C. 请别人上机代你计算

【计分方法】

第 1、7、9 题：A. 0 分　B. 10 分　C. 5 分

第 2、6、10 题：A. 10 分　B. 0 分　C. 5 分

第 3、4、8 题：A. 5 分　B. 0 分　C. 10 分

第 5 题：A. 0 分　B. 5 分　C. 10 分

【你的总分】＿＿＿＿＿＿＿＿

【结果分析】

40 分及以下：你的职业发展目标不明确，一方面对自己的期望很高，另一方面却害怕去尝试新事物。学习新事物的过程就是提升核心竞争力的过程，要想实现目标，就应该积极尝试，而不是回避新任务、新问题。

41～70 分：你对职业目标的追求有些谨慎。虽然你最终也会解决问题，但通常需要一段时间。但是在竞争中一步之差就可能已决胜负，怎能容你慢条斯理、考虑周全后再做决定。因此，你不妨让自己的步伐快一点，勇于抓住机会，这样你可能会得到意想不到的结果。

71～100 分：你对自己的职业前景充满渴望和自信，也愿意为此而积极尝试。但是这种凡事都要试一试的态度，可能会导致你过于自信和独立。有时承认自己对某些事情不了解，多多寻求帮助，其实对职业发展大有益处。

前车之鉴

谈到职业生涯规划时，李伟或缺乏信心，或感觉遥不可及，不敢过多地想职业目标方面的事。开学初，老师邀请优秀学长来校和同学们交流。听完学长一步一步升学，最后升入英国爱丁堡大学就读研究生的故事，不少同学的眼神中流露出了希望。李伟却心想：我才一年级，现在最要紧的事情就是吃吃喝喝、享受生活。

同寝室的陈明在听了学长的分享之后，制定了升学目标，“敢想”的他也开始“敢拼”了。几年来，陈明每天通过早读提升语感去啃“英语”这块硬骨头。学习专业知识的同时，他也主动向老师请教各类备考技巧。同寝室另一同学张浩然则早早定下了毕业后从事自己喜欢的计算机相关职业。在校期间，张浩然努力学习各种相关课程，考取相关证书，并利用暑假去相关企业实习实践。

临近毕业，面临升学和就业的两项选择，李伟陷入了迷茫。望着身边的同学都朝着自己的目标奋斗，李伟才感叹道：“面临毕业，眼下最大的问题既不是就业，也不是继续升学，而是仍没有找到自己的方向。未来，我可能会稀里糊涂地去找工作，至于找到的工作是不是我想要的，我也不知道。”

【案例点拨】合理的职业目标对人生发展有着重要影响。同样的起点，同样的专业，未来发展是千差万别的。坚定的目标能给你指出未来的重点和方向，一旦职业目标确定，接下来就可以行动起来，围绕目标规划自己的人生。如果没有明确的目标，将很难形成行动规划，人生职业发展将会浑浑噩噩。

素养感知

职业目标成就人生[①]

黄某出生在一个贫困山区，经过努力，他以全县文科第一名的成绩考上了一所大学的外语系。

进入大学后，他制定的第一个职业目标是毕业后留校工作。为了这个目标，他刻苦学习，苦练英语口语。经过四年的刻苦学习，黄某终于以全年级第一名的成绩留校任教，从事大学公共英语课程教学工作，实现了他的第一个职业目标。

工作了一段时间以后，他又给自己制定了第二个职业目标——自学一门新专业，考取硕士研究生。他认真分析了行业发展趋势，并进行了自我分析，决定自学法律专业。两年以后，他考取了中国政法大学民商法专业硕士研究生。毕业后又回到原单位工作。同年，他参加了全省组织的专业组英语竞赛，获得第一名，并被当地一劳务输出公司看中，聘请为随队翻译并派往非洲。经过在非洲的工作，黄某处理涉外经济方面法律问题的分析能力和解决问题能力得到提高，负责办理的几个案子也都胜诉了。

于是，他又制定了第三个职业目标——从事涉外法律工作，成为一名职业律师。三年后，黄某从高校辞职，到沿海城市成了一名专职律师。又过了五年，他被一家猎头公司看中，去了一家外资企业做法律顾问。随后不久，他开办了一家自己的企业。在接近40岁时，他达到了个人职业的巅峰。

所有成功人士都有一个突出的特征，就是生活的方向性，即对自己随时随地的去向一清二楚。他们有目标也有行动，知道自己要做什么，也知道应该怎样去做。他们确定目标，同时又明确通向那个目标须走的道路。

刘洋：十年后，巾帼英雄再出征[②]

2013年“两会”期间，习近平主席接见基层军队人大代表，中国首名女航天员刘洋也在其列。“你可是巾帼英雄啊，也是妇女能顶半边天的代表，现在还成了中国妇女的‘形象大使’!”习近平主席称赞她。时隔几年，刘洋先后执行神舟九号和神舟十四号飞行任务，从突破空间飞行器的交会对接技术到建造空间站，正好是载人航天“三步走”战略里“第二步”和“第三步”的关键节点。

2012年6月16日，神舟九号飞船飞往太空，任务期间圆满完成了中国首次载人空间交会对接。刘洋作为乘组的一员，对着天宫一号郑重敬礼，心里暗暗定下了目标：“在不久的将来，我一定还会再回来!”

---

① 王培俊. 职业规划与创业体验［M］. 北京：高等教育出版社，2011. 有改编.

② 占康，付毅飞. 神舟十四号“三人组”出征，每个人的故事都不简单［EB/OL］.（2022-06-26）［2023-03-09］. http://www.kepu.gov.cn/www/article/12cf0491e66248b39cbf18abad3d91b4. 有改编.

没想到，这“不久的将来”一过就是十年。备战空间站任务，对航天员的身心素质、知识和技能提出了更高要求。刘洋迅速确定目标，清空成绩，从零开始，重新以坚定的信念对待每门课程，将每次模拟训练当成实战，一步一个脚印地前进。

新一代飞天舱外服要进行水下验证试验，刘洋主动报名。她穿着厚重的水下服被吊车放入 10 米深的水槽，巨大的眩晕感让她一阵恶心涌上喉咙。到了工作间隙，刘洋“挂”在舱壁上一动不动。医生捕捉到了异常，发现她的心率一直在 140 左右。刘洋拒绝了上岸休息的建议。她不愿因为个人原因终止整场试验造成人力物力损失。她操作一会儿，闭眼休息一会儿。此后的水下训练越发繁重，时长和强度越来越大。每当遇到困难的时候，她就告诉自己一定要意志坚强。慢慢地，她逐渐适应了训练环境。

十年之后，再次出征太空，刘洋充满期待。踩着时代的鼓点前进，她的幸运来自伟大的时代，更来自她数十年如一日地奋力前行。

刘洋始终自觉地把个人理想与祖国命运、个人选择与党的需要、个人利益与人民利益紧密联系在一起，以报效祖国为目标信念，呕心沥血，奋力拼搏。刘洋凭着为国争光的坚定目标信念，克服艰苦条件，通过十年的不断努力，从神舟九号到神舟十四号，实现了航天事业的突破。我们有理由相信，只要有坚定的目标信念，再艰苦的条件都能克服，再大的困难都可以战胜，再远大的理想都终将实现。

知识链接

一、职业目标的内涵

职业目标是指个人在选定的职业领域内未来时点上所要达到的具体目标，包括短期目标、中期目标和长期目标。一般来说，我们首先要根据个人的专业、性格、气质和价值观以及社会的发展趋势确定自己的长期目标，然后再把长期目标进行分化，根据个人的经历和所处的组织环境制定相应的中期目标和短期目标。

二、职业目标的构成

1. 短期职业目标

（1）目标表述清晰、明确。

（2）目标对于本人具有意义，与自我价值观和中长期目标一致，有可能暂时不能完全满足自己的兴趣要求，但可“以迂为直”。

（3）目标切合实际，并非幻想。

（4）有明确的完成时间。

（5）有明确的努力方向，目标实现起来完全有把握。

（6）目标精练。

2. 中期职业目标

（1）目标是结合自己的志愿、组织的环境及要求制订的，与长期目标相一致。

（2）目标基本符合自己的兴趣、价值观，使人充满信心，且愿意公之于众。

（3）目标切合实际，并且未来的发展有所创新，有一定的挑战性。

（4）目标能用明确的语言定量与定性说明。

（5）目标有比较明确的执行时间，根据外部环境变化可做适当的调整。

（6）目标可以发挥自己的能动性，实现的可能性非常大。

3. 长期职业目标

（1）目标是自己认真选择的，和组织、社会的发展需求相结合。

（2）目标很符合自己的兴趣、价值观，能为自己的选择感到骄傲。

（3）有实现的可能，并有更大的挑战性。

（4）目标与志向相吻合，能够立志通过努力实现理想。

（5）目标与人生目标相融为一，指导自己为创造美好未来坚持不懈。

三、职业目标的确定措施

没有目标，如同你站在人生的十字路口不知道该何去何从。职业目标是一个人职业发展的方向和目的地，对未来的职业发展有重大影响。因此，科学、合理地设定符合自己的职业生涯目标是职业规划的核心和落脚点。

1. 了解自我

这个环节要解决的核心问题是：我能做什么，我喜欢做什么。一是技能方面，如英语水平、计算机水平等；二是职业兴趣，是人们对某种职业活动具有比较稳定而持久的心理倾向；三是职业态度，包括责任感、抗压能力、团队合作精神等。

2. 了解职业

在求职的过程中，我们首先要根据自己的专业选定理想的职业。其次是充分了解职业，主要了解职业对人的要求，一方面是知识能力，另一方面划定自己喜欢的职业范围后，充分对目标职业进行认知，结合自我认知逐一探索从事某职业的可行性，弥补与职业胜任之间的差距。

3. 合理选择

通过以上自我分析认识，我们要明确自己该选择什么职业方向，即解决“我选择干什么”的问题，这是个人职业生涯规划的核心。职业方向直接决定着一个人的职业发展，职业方向的选择应结合自身实际来确定，即择己所爱的原则、择己所长的原则、择世所需的原则。

四、目标管理的黄金法则——SMART原则①

S代表具体（Specific）：用具体的语言清楚地说明要达成的行为标准，不能模棱两可。

M代表可量性（Measurable）：目标的达成可以通过具体的数据来体现。

---

① 黄波．职业生涯与发展规划［M］．长沙：湖南教育出版社，2018．有改编．

A 代表可实现（Attainable）：目标的设置考虑了个人知识、能力、资源等内在条件和环境等外在条件对目标的制约，具有一定的难度和挑战性，但是个人在付出努力的情况下可以实现。

R 代表相关性（Relevant）：目标之间要有高度关联性。目标不能完全不相关或者相关度很低。短期目标是中长期目标的具体化，必须服务于中长期目标。中期目标要有助于长期目标的达成。

T 代表有时限（Time-bound）：完成特定的目标有一定的时间期限。

五、职业信念的内涵

职业信念是职业人根据自身对于职业的认知和判断形成的认知、情感和意志的统一体，它包括职业人对于职业的认知以及在此基础上形成的对于该职业的偏好和驱使其从事该职业的动力。

职业信念在职业生涯发展过程中起着重要作用。一个人只有在对自身所从事职业的价值完全认同并由此树立起明确的专业发展目标的前提下，才能在其专业成长与职业发展的过程中表现出孜孜以求的工作态度与学习精神，才能为实现其职业目标持之以恒。

六、职业信念的构成

职业信念包含三方面的内容，具体如下：

1. 职业认同感

职业认同感是指个体对于所从事职业的目标、社会价值及其他因素的看法，与社会对该职业的评价及期望相一致，即个人对他人或群体的有关职业方面的看法、认识完全赞同或认可。职业认同感有助于个体的发展，促进个体发现自身的价值，获取更好的工作体验，并且使个体获取归属感、强化凝聚力，形成良好的团队协作精神，营造起积极的工作环境。

2. 职业自信心

职业自信心指的是个体基于在长期的学习中逐步积累起来的职业态度、职业情感、职业意志、职业技能等职业素质，对未来职业发展和选择的自信心。职业自信不仅仅是个体对自己综合素质的信任，更是对自己所追求职业生涯最大成功的坚定信念。

3. 职业意志力

职业意志力是指人们在职业实践中所表现出来的克服困难的毅力和坚持的精神，表现在持之以恒的自觉性和始终如一地忠于职守。在困难和挫折面前，只有意志坚强的人才能经得住考验和锻炼，保证职业活动的正常进行。

七、培养职业信念的措施

1. 积极参与职业活动，培养对专业或职业的深厚感情

从专业兴趣的培养、专业技能的提升、专业前景的展望等方面加强专业素养的熏陶，再通过参加技能展示、技能竞赛、创新大赛提升职业素养。在活动中培养和加深专业的

情感或者职业情感，这种对专业的热爱感和成长的成就感相辅相成，是培养坚定的职业信念的有力抓手。

2. 坚定社会主义信念，加深对技术岗位工作的深刻认识

中国梦的实现需要我国经济发展提质增效升级，要完成加快经济增长方式的转变，走中国特色新型工业化道路。我们要认识到成为一名技能型人才不仅能为把我国全面建成小康社会提供人力支撑、技术支撑、智力支撑，而且个人还拥有广阔的发展空间。

3. 积极参与职业培训，锤炼跨越逆境、持之以恒的顽强品质

成为一名出色的技能人才是一个长期复杂、繁重甚至枯燥的过程，需要克服很多困难，也需要抵制众多的外界诱惑并不断坚持。要积极参与职业培训，通过职业培训提高自己的职业素养，还要通过系列逆境创业事例，激励自己自律自制，自警自励，培养自己顽强的意志。只有具有坚强的意志，才会正确对待学习中的逆境和挫折，冲破困难和险阻，始终保持稳定的职业意向和积极的学习态度，用顽强品质和行动夯实自己的成才之路。

4. 坚定职业道德，实现个人价值与社会责任、职业道德统一

我们首先要意识到一个国家的新型工业化道路离不开合理人才结构的支撑，意识到社会对技能人才的需求和自身的重要价值。如果只追求社会对技能人才的尊重与满足，而忽视自身对社会的责任与贡献，不仅难以实现真正的人生价值，还必然背离一名技能人才的职业道德基本原则。

训练提升

课堂活动——撕思人生

1. 活动目的

“撕思人生”活动，让学生以一张纸条模拟人生，撕去已逝的岁月和未来休息的时间。在纸条逐渐变短的过程中，激起学生对个人职业目标展望和规划的兴趣，引导学生重视自己的职业目标和规划。

2. 活动规则

每个人手上持有一张纸条，纸条上有从 0 到 100 的数字，代表我们人生的时长。在之前的学习中，每个人都确定了自己的职业目标，我们在纸上点出实现职业目标的时间点，现在我们开始来“撕思人生”吧！

（1）撕掉我们已经度过的岁月。

（2）撕掉退休后的时间。

（3）撕掉睡觉的时间。

剩下的时间可供我们完成职业目标，我们该如何规划，如何实现目标？请在剩下的纸上写出你的职业规划，包括长期规划、中期规划和短期规划。

3. 活动时间

一节课，也可拓展为一个完整的系列活动。

4. 活动总结

职业目标规划是个人对自己一生职业发展道路的设想和规划，是对个人职业前途的展望。“撕思人生”活动让同学们认识到职业生涯规划的紧迫性，认识到职业目标是规划人生的远景。只有确立了清晰的职业目标，才能充分利用自己的时间，创造更大的价值，写出职业生涯的精彩剧本。

户外拓展——搭桥过河

1. 场地要求

空旷的室外场地，注意清除障碍物。

2. 活动道具

EVA 垫子或者厚报纸，数量为（一组人数+1）×组数；计时器。

3. 活动时间

一节课。

4. 活动规则

（1）划定一片相距 30～50 米的区域，假设这一区域就是一条河流。

（2）根据学生具体人数分组，每组人数不宜过多。

（3）各组队员站到起点处，也就是“河”的一边，并为每组发放“桥”（EVA 垫子或者厚报纸）。“桥”的数量为每个团队人数+1。

（4）比赛开始后，各组队员使用比组员人数+1 张“桥”，从终点出发，脚不能占地，只能踩着“桥”到达终点。

（5）由第一名队员向前搭放垫子或者厚报纸，后面的队员不断地把身后的“桥”传给第一个队员，团队成员一起踩着“桥”前进。

（6）最先到达“河对岸”的为胜。按时间记名次，按名次计分。

5. 活动启示

这个游戏要求大家通力合作，利用有限的道具，朝着一个目标快速前进。告诉大家心中要有目标，在有一定压力的情况下，保持良好的心态，对自己充满信心，勇往直前。跨越过程时间有限，达到目标要有一定的效率和方法才能跨越障碍。实现目标的过程中可能会碰到障碍物，要及时纠错复盘反思，再加以重复练习。

课后延伸

从《马背上的法庭》看职业信念[①]

电影《马背上的法庭》是一部由刘杰执导，李保田、杨亚宁、吕聿来主演的剧情片，

---

① 为什么中国有“马背上的法庭”？[EB/OL]．（2019-09-20）[2022-07-14]．https://baijiahao.baidu.com/s?id=1645165433537440716&wfr=spider&for=pc．有改编．

于2006年9月6日上映。影片讲述了在中国云南西北部的山区，由于地广人稀，有数十个民族散居在大山之中，当地很多机制都并不完善。于是，为了普及法律，组织特地成立了一支流动法庭专门处理村民之间的纠纷，而老冯，便是其中的一员。

别看法庭是“流动”的，但该有的庄重感，工作人员从不懈怠。就比如在影片开头的第一案：只见不大的一个露天院子里，老冯将审判桌子摆得整齐有序，最重要的是神圣的国徽绝不能挂歪。如此认真，不得不让人充满敬意。但可笑的是，老冯接手的案子通常都是一些荒唐事，比如别人家的猪拱了自家祖宗的骨灰坛，有人东西被偷打死都不愿惊动公安等。

影片中就有妯娌两个因为一个罐子分配不均闹上法庭的案子，最后老冯当场砸了罐子，给了她们一人两块五毛钱。这样的工作，老冯做了几十年。基本上不是在主持断案，就是在前往断案的路上。山路崎岖，有一次他还差点掉下悬崖。然而，他仍旧没有选择放弃。更感人的是，这部电影是写实的。在现实生活中，哪怕直到现在，老冯这样的人物依然存在。他身负使命，要为现代司法体制作出一份贡献。即便这条路真的很苦，也始终不妨碍他心存法官信念继续走下去。

马背上的法官，用一个个脚印践行着司法为民的初心使命，用一次次苦口婆心的劝解为人民群众排忧解难，用一份份公正严肃的判决让人民群众感受到公平正义。马背上的法庭，驮起传递中国司法的温度的重担，在司法进程中，深深刻下“人民”二字。巡回审判工作的新发展，也必将为建设社会主义法治国家作出新的贡献。

骆驼与北斗星①

大象、狮子、骆驼决定一起进入沙漠寻找其生存的空间。在进入沙漠前，它们被告知，进入沙漠后，只要一直向北走，就能找到水和食物。进入沙漠以后，它们发现沙漠比它们想象的大多了，也复杂多了。最为要命的是，它们不久就迷失了方向，不知道哪个方向是北。

① 李金亮，杨芳，周欣．大学生职业生涯规划［M］．长沙：湖南教育出版社，2019．有改编．

大象想，我如此强壮，失去方向也没有什么关系。只要我朝着一个方向走下去，肯定会找到水和食物。于是，它选定了它认为是北的方向，不停地前进。走了三天，它发现回到了原来出发的地方，三天的时间和力气就这样白费了。它一再告诉自己不要转弯，要向正前方走。三天过后，它发现，它竟然又重复了上一次的错误。此时，它又饿又渴，它决定休息一下再度出发。可是，接下去每一次都是相同的结果。不久，大象就精疲力竭而死。

狮子呢，它自恃奔跑得很快，便向自认为北的方向奔去。它想，凭我这样快的速度，再大的沙漠也能够穿越。可是，它跑了几天后却发现，它越是向前越是草木稀少，到最后已经看不到任何绿色植物了。它害怕极了，决定原路返回。可是，当它原路返回时，又一次迷失了方向。它越是向前，越是不毛之地。狮子左突右奔，都没找到目的地，最后绝望而死。

骆驼走得很慢，它想，只要找到真正向北的方向，只要不迷路，用不了三天，一定会找到水和食物的。于是，它白天不急于赶路，而是休息。晚上，天空中挂满了亮晶晶的星星，骆驼很容易就找到了那颗耀眼的北斗星。每天夜里，骆驼朝北斗星的方向行走。白天，当看不清北斗星的时候，它就停下来休息。几个夜晚过去了，一天早上，骆驼猛然发现，它已经来到了水草丰美的绿洲。从此，骆驼就在这里安了家，过上了丰衣足食的生活。

没有正确的方向，再大的本领也是没用的；没有正确的方向，再多的努力也是没有效果的。只有我们给自己的人生设定了目标，我们内心深处那个勇敢、坚定、执着、不畏艰险的自己才会走出来，我们才能最大限度地激发自己的潜能。

梦想，从这里起航①

嘉明从小就喜欢动手组装玩具，性格外向，善于和人打交道，他就读于某职业学校的汽车维修专业。嘉明带着兴奋与茫然来到学校，渴望通过专业学习提升自己的各项能力，学得一技之长。他在课堂上认真学习专业知识，课外跟老师学修车，寒暑假到车行里学洗车、修车。

通过汽车维修的学习和实践，他发现本专业未来就业除了汽修方向，还可以向汽车销售方向发展。一个懂修车、会修车的汽车销售一定会更受欢迎，而他自己开朗、自信的性格也很符合这一职业的要求。学校内部其实就是一个很好的职业训练场，课上他努力学习专业知识，课余时间除了去图书馆看相关的书籍外，就是在校园中主动与他人"搭讪"，介绍自己的专业，聊聊有关车的话题，以此锻炼自己的沟通能力和表达能力，提高自己的交际能力和胆量。同时他还自己印了名片，发到每个人的手上，并开设微信公众号，利用自己的专业知识在微信上普及汽车保养维修方面的知识。

除此之外，通过学校和老师的帮助，他带领同学开设了汽车美容社团，利用课余时

① 张明琴，张建伟．职业生涯规划［M］．成都：电子科技大学出版社，2019．有改编．

间进行汽车美容。他还通过社团活动，对多种品牌车的性能和设计有了一定的了解，积累了很多书本中学不到的知识与经验。毕业在即，班上很多同学在考虑找工作，而嘉明已经收到了多家用人单位的面试通知，他离自己的梦想更近了。

目标是指想要达到的境地或标准。一个人在职业生涯发展过程中，一旦制定了目标，就会从内心深处产生一种信念，努力朝着所定的目标前进。目标，是一种希望，在希望的激发之下，人才会不断地追求进步，因此，职业生涯发展需要确定目标信念。

成功属于有目标的人①

哈佛大学有一个关于目标对人生影响的跟踪调查，该项调查的对象是一群智力、学历、环境条件都相差无几的学生。在临出校门时，哈佛大学对他们进行了调查。结果是这样的：27%的人没有目标；60%的人目标模糊；10%的人有清晰但比较短期的目标；3%的人有清晰而长远的目标。

25 年后，哈佛大学再次对这群学生进行了跟踪调查。结果是这样的：

那 3%有清晰而长远的目标的人，25 年间他们朝着一个方向不懈努力，几乎都成为社会各界的成功人士，其中不乏行业领袖、社会精英；那 10%有清晰但比较短期的目标的人，他们的短期目标不断地实现，成为各个领域中的专业人士，大都生活在社会的中上层；那 60%目标模糊的人，他们安稳地生活与工作，但都没有什么特别成绩，几乎都生活在社会的中下层；剩下的 27%没有目标的人，他们过得很不如意，并且常常在抱怨他人，抱怨社会，抱怨这个“不肯给他们机会”的世界。

调查者因此得出结论：目标对人生有巨大的导向性作用。成功在一开始仅仅是一个选择。你选择什么样的目标，就会有什么样的成就，就会有什么样的人生。因此，我们应该积极思索我们的目标信念是什么，我们想要的结果又是什么。

我的职业素养心得

这节课，我收获了____

____

____

____

____

____

____

____

____

① 吴晓波. 穿越玉米地［M］. 杭州：浙江人民出版社，2002. 有改编.

本章练习

一、选择题

1. 下列关于事业的叙述，正确的一项是（　　）。

A. 事业就是职业　　B. 事业不需要认真对待

C. 事业的成功不需要坚持　　D. 事业不会随随便便就成功

2. 以下描述正确的是（　　）。

A. 找工作只考虑薪资待遇，哪里工资高就去哪里

B. 工作中只立足于当前需要，什么有好处就做什么

C. 把职业当成事业，并为之付出努力

D. 职业生涯中最好频繁跳槽，随意更换工作

3. 在职场中，老板一般不愿意接纳频繁换工作的员工，因为老板通常会认为这样的员工无法在一个领域深耕从而为公司创造更高的价值。这句话给我们的启示是（　　）。

A. 职场中要有敬业精神　　B. 职场中要从小事做起

C. 职场中要学会自我控制　　D. 职场中要把工作当成事业来对待

4. 快下班时，你的上司给你安排了一项重要工作，你会（　　）。

A. 立即执行

B. 不予理睬

C. 向领导说明自己有事，让别人来做

D. 带着不满情绪消极去做

5.（　　）是指个人努力成就一番事业的奋斗精神和热爱工作、希望取得良好成绩的积极心理状态，是人类的一种高尚的情操。

A. 职业意识　　B. 事业意识　　C. 责任意识　　D. 创新意识

6. 阳光心态的内涵不包括（　　）。

A. 不能改变环境就放弃适应环境　　B. 不能改变别人就改变自己

C. 不能改变事情就改变对事情的态度　　D. 不能比较就改为接纳

7. 下面关于阳光心态的说法，错误的是（　　）。

A. 阳光心态是一种坚强、乐观、变通、善良、宽容、知足、感恩的心智模式

B. 阳光心态是积极创造生活并懂得享受生活的生活理念

C. 阳光心态是一种充满活力与动力并能战胜困难的力量

D. 阳光心态是一种抱怨、消极的生活态度

8. 以下属于阳光心态特点的是（　　）。

A. 热情　　B. 奉献　　C. 执着　　D. 以上都是

9. 下列做法不符合职场阳光心态的是（　　）。

A. 积极的心态　　B. 佛系的心态　　C. 双赢的心态　　D. 竞争的心态

10. 关于阳光心态，以下描述正确的是（　　）。

A. 阳光心态是我们修身养性的基本内容

B. 阳光心态是健康生活的重要内涵

C. 阳光心态能帮助我们实现自我身心的和谐

D. 以上都是

11. 以下符合中期职业目标的是（　　）。

A. 有明确的具体完成时间

B. 有明确的努力方向，通过努力能达到适合环境需要的能力，实现起来完全有把握

C. 目标与人生目标相融为一，指导自己为创造美好未来坚持不懈

D. 目标有比较明确的执行时间，根据外部环境变化可做适当的调整

12.（　　）是对自身目标毫不动摇、执着追求的意向动机，它是情感、认知和意志的有机统一体。

A. 职业技能　　B. 职业计划　　C. 职业信念　　D. 职业习惯

13. 职业目标的确定包括（　　）。

A. 了解自我　　B. 了解职业　　C. 自我选择　　D. 以上都是

14.（　　）是指人们在职业实践中所表现出来的克服困难的毅力和坚持的精神，表现在持之以恒的自觉性和始终如一地忠于职守。

A. 职业意志　　B. 职业认同感　　C. 职业自信　　D. 职业信念

15. 职业信念的内容不包括（　　）。

A. 职业意志　　B. 职业认同感　　C. 职业自信　　D. 职业目标

二、判断题

1. 从时间的角度来看，职业只是一时地解决生活问题的，事业则是长期的。（　　）

2. 对工作充满热情是具有事业意识的体现之一。（　　）

3. 把工作当作事业来做不能激发责任感和使命感。（　　）

4. 培养事业意识不需要培养敬业精神和奉献精神。（　　）

5. 事业意识可以促进职业的成长。（　　）

6. 阳光心态是适应环境的佛系心态。（　　）

7. 职业心态是指在职业当中根据职业的需求，在职业活动中对自己及其职业的各种心理反应或表露出来的心理感情。（　　）

8. 职场积极心态要求我们首先保持积极的心态，不轻言放弃，也不怨天尤人。（　　）

9. 职场阳光心态能够帮助我们提高学习和工作效率，在职场上实现自己的价值。（　　）

10. 塑造阳光职业心态，我们要既要学会感恩，善待他人，也要树立目标，挑战自我。（　　）

11. 中期职业目标要确定具体的完成时间。（　　）

12. 只有在对自身所从事职业的价值完全认同并由此树立起明确的专业发展目标的

前提下，才能在其专业成长与职业发展的过程中表现出孜孜以求的工作态度与学习精神，才能为实现其职业目标持之以恒。（　　）

13. 中期职业目标与人生目标相融为一，指导自己为创造美好未来坚持不懈。（　　）

14. 具备职业认同感，可以形成对自我的明确认知，认同和了解工作需要、工作目标、工作动机，真正热爱职业和工作岗位，消除职业倦怠感。（　　）

15. 职业自信不仅仅是个体对自己综合素质的信任，更是对自己所追求职业生涯最大成功的坚定信念。（　　）

三、综合题

1. 晓雯今年毕业于一所职业技术学院的电子商务专业，她先后多次参加招聘会，都以失败告终。晓雯非常沮丧，一方面抱怨笔试题目太难、太偏，抱怨面试官过于刁难，另一方面也开始怀疑是不是自己能力不行。在犹豫与蹉跎中，她再次等来了A公司的招聘。由于前面的失败，晓雯在这次应聘过程中显得非常紧张，没有发挥好，最终还是没有被录取。晓雯非常痛苦，慢慢地开始怨天尤人，变得自暴自弃，内心充满了负能量，对生活和找工作失去了信心。

问题：请你根据所学的塑造阳光心态的方法，帮助晓雯重拾积极阳光心态。

2. 三个石匠的故事：相传山脚下准备建一所学校，有三个石匠在干活儿。一天，有人走过去问他们在干什么，第一个石匠说：“我在混口饭吃。”第二个石匠一边敲打着石块一边说：“我在做石匠活。”第三个石匠眼中带着想象的光辉仰望天空说：“我在建造一座知识的殿堂。”10年之后，第一个石匠手艺毫无长进，被老板炒了鱿鱼；第二个石匠勉强保住了自己的饭碗，但只是普普通通的泥水匠；第三个石匠却成著名的建筑师。

问题：请运用本节所学的目标信念知识说明为什么三个石匠的命运如此不同。

第三章

培养职业道德

第一节 严守规矩
——严自律守规矩，职场稳中求胜

目标导读

知识目标：知道自由受道德、纪律、法律等社会规矩的约束；明白社会规矩是人们享有自由的保障；理解遵守社会规矩需要他律和自律；明白要坚定维护规则与积极改进规则。

能力目标：提升对自由与规矩关系的理解能力，具有改进规矩的能力。

素养目标：意识到严守规矩对于个人和国家都非常重要，自觉严守规矩，增强社会责任感和使命感。

自我职业素养探索

你是一个严守规矩的人吗？

在进入正式学习之前，我们先来做个测试，看看在巨大诱惑的面前，你还能严守规矩吗？请按自己的真实想法答题。

1. 如果你的公司有机会赚一大笔钱，但是需要通过某些犯罪集团洗钱，你会这么做吗？

A. 会，就算我不干，也会有人干。

B. 不一定，我要掂量掂量风险。

C. 不会，违法犯罪的事情我可不做，绝不做犯罪分子的帮凶。

2. 如果你知道某种产品没有合适的商业模式，在未来 5 年内也无法盈利，但你可以为其募集资金、上市、然后及时兑现你的股份，再冷眼旁观公司不可避免地滑向破产深渊，让那些轻信的投资者背黑锅，你会这么做吗？

A. 会，创业市场就是这么赚钱的！

B. 不一定，不过如果我掌握了方法，试一试也未尝不可。

C. 不会，致富之路不应该建立在欺骗的手段之上。

3. 如果你是确定银行利率的负责人之一，该利率将决定全球信贷成本，你可以捏造数据而且逃脱处罚，你会这么做吗？

A. 会，如果其他人也这么做的话。

B. 不一定，确定能逃脱处罚就试一试。

C. 不会，这样做会导致全球金融陷入混乱。

4. 如果玩某款游戏需要用到大拇指，你是这款游戏的冠军，但你最近感觉到你的大拇指开始变得僵硬，为了延长职业寿命，你会服用能提高成绩的违禁药物吗？

A. 会，只要不被查出来。

B. 不一定，要看看那种药的副作用。

C. 不会，我会用其他合法方式治疗我的大拇指，但绝对不会采用违禁药物。

5. 如果你是制药公司的员工，你知道有一项实验显示公司的某种药物会让青蛙长出第 3 只眼。你会隐瞒这份报告，直到该药的专利失效吗？

A. 会，药物的专利会给公司带来巨大利益，我一定会否认实验结果，不让世人知道。

B. 不一定，除非我也需要这种药物。

C. 不会，利益绝对不能凌驾于安全之上。

6. 如果你发现公司的优秀业绩全靠强取豪夺他人的财产，你还会接受公司发给你的奖金吗？

A. 会，有奖金多好啊。

B. 不一定，要看看奖金有多少。

C. 不会，君子爱财，取之有道。

7. 如果你每年收入数亿美元，你会聘用一个能干的律师团队想尽办法帮你避税吗？

A. 会，多缴税我可不干。

B. 不一定，真的有这样的方法吗？

C. 不会，依法纳税是每个公民应尽的责任。

8. 如果你的工作就是向天真幼稚、缺乏经验的投资者兜售证券，对于你的公司正在秘密大举做空的投资产品，你会大力推销吗？

A. 会，市场里只有输赢，没有道德，只有赢家才能活下来。

B. 不一定，我得看看提成有多少。

C. 不会，用欺骗获取利益触碰了我的底线。

【计分方法】

本测试采用累计计分形式，选 A 得 0 分，选 B 得 3 分，选 C 得 5 分。

【你的总分】 ________________

【结果分析】

0～10 分：你几乎没有规矩意识，做事完全从自我利益出发，小心不要误入犯罪的歧途。

11～20 分：你有一定的规矩意识，但更喜欢投机取巧，做事自律性不强，往往需要他律才能做到遵守规则。

21～30 分：你的规矩意识较强，也有一定的自律性，但有时会由于一些诱惑摇摆不定，从道德出发，你会生活得更好。

31～40 分：你的规矩意识和道德情操都到达了一个高度，在规则面前，你能充分自律，能在没有监督的情况下，依然遵守规矩，是人们眼中的道德典范。

前车之鉴

1994年3月，俄航593号航班由莫斯科飞往香港，飞机上一切指数都正常，机长将飞机调整成自动驾驶模式之后，按照规定离开了驾驶舱去休息。这时候飞机上的第一副机长把15岁的儿子和12岁的女儿带进了驾驶舱参观，并让他们坐到机长座位上，体验一把操控飞机的快感。

原本正常自动驾驶模式的飞机，在儿子操控手柄左转后不久，突然不受控制地向右转，并开始下坠。第二副机长急忙开始采取补救措施，然而无济于事，飞机最终还是不受控制地撞毁于附近山区。在这起事故中，机组上75人全部遇难。

这架飞机的第一副机长心存侥幸，觉得只是带自己的儿女参观一下父亲工作的地方，不会发生什么大问题。但就是这样的侥幸心理，以为可以无事，最后却将所有人拖入不幸的深渊。

同样漠视规则的事情经常发生在我们的身边，有人考试作弊，以为不会被发现，最后进入失信名单，甚至要面对法律的制裁，断送美好前程。有人觉得闯一次红灯不会有什么大问题，最后被疾驰而来的车撞倒，付出了生命的代价。

【案例点拨】社会发展到今天，各行各业之所以能有序进行，就是因为人们心照不宣地遵守着既定的规则，一旦打破了规则，人们就要承受这一切引发的后果。社会上还有很多类似的事情，都是从一些不起眼的小事开始的。社会上不守规则的人不在少数，他们享受着漠视规则带来的短暂的好处，殊不知，侥幸带来的一切只是小的甜头，最终都要被迫付出惨痛的代价。

素养感知

守规矩的企业日子好过①

在一些企业抱怨日子难过，苛责“去杠杆”“严监管”时，身价几十亿元的张文生却一声不吭，继续埋头做着牙刷、牙签、湿巾等小玩意。

张文生的公司今年上半年蒸蒸日上，产销两旺。

当记者问起成功之道，会计出身的张文生轻描淡写地说道：“没啥特别的，我个人觉得，做人要脚踏实地，做企业要合规，也就是守规矩。”

规矩，这个妇孺皆知的小道理，许多人常常难以守住的底线，张文生和他的公司却坚守了21年。21年，不管斗转星移，本色始终不变。

纳税是考验人私欲的试金石，一些人和企业绞尽脑汁想少纳税甚至不纳税。张文生

① 守规矩的企业日子好过［EB/OL］.（2018-08-09）［2023-02-18］. https://baijiahao.baidu.com/s?id=1608278357935549626&wfr=spider&for=pc.

却坚持依法依规、按章诚信纳税。他的公司是当地的纳税大户和先进单位，每年上缴的税款是许多企业之和。

在企业发展上，张文生同样严守规矩，遵从发展规律，不脱离行业和企业的实际。公司有钱后，许多人劝张文生去扩张搞并购甚至跨界创新，都被他一一婉拒。张文生说："行业内的并购对我们意思不大，因为自身要扩大产能很容易。"而跨行业并购又不符合他的"稳步发展"规矩。他起初说这话时，并没有多少人理解。当一家家企业因为"高杠杆""跨界并购"而陆续倒下时，许多人对张文生竖起了大拇指。

上市是许多企业梦寐以求的。当一些企业为了上市东奔西走去补缴税款、处理各类纠纷诉讼时，张文生却轻松自如地走着流程，只用了 2 年时间就成功登陆主板市场，这期间他没有收到一起投诉。拿到 IPO 批文时，许多企业都是尽快发掉，张文生则是不紧不慢，过了一个月才发。"企业合规，自身过硬，就没啥好怕的。"张文生说。

只有合规，企业才会走得更远。张文生坚信，市场越规范，守规矩的企业日子越好过。

从格力的人行道和垃圾桶看企业文化①

对于规章制度，每个人都应该严格遵守，不管是大还是小。

董明珠，全国五一劳动奖章获得者、全国杰出创业女性，现任珠海格力电器股份有限公司董事长、总裁，是一名成功的女企业家。在她带领下走向成功之路的格力，处处都体现着严守规矩的企业文化。

董明珠在访谈节目中谈到，她要求员工必须遵守规章制度。格力生产区的路有人行道和车道，车道很宽，人行道很窄，但员工都走人行道。

有一次，有个人走在了车道上，格力就把他开除了，好多人都来说情，说这个人工作了十多年了，一直工作很认真的，但最后还是把他开除了。这件事之后，再也没有人走在行车道上。

董明珠解释说，因为今天有一个人走了，明天就会有两个人走，8 万人的厂，大家都开始乱走，难保不出现意外。

在另外一个综艺节目中，董明珠自豪地说："我们公司一百多万平方米的场地，没有一个垃圾桶。"她解释说，之前厂区有许多垃圾桶，但是发现每一个垃圾桶周围都有一些垃圾，于是她在会议上提出这个问题。高管们都说是因为垃圾桶太少了，人们没有地方扔垃圾，所以只能把垃圾扔在地上。董明珠却反其道而行之，下令取消所有的垃圾桶，任何人不得扔垃圾，只要发现立刻开除，从而将员工所养成的不好的习惯彻底改掉了，现如今格力一百多万平方米的工作场地上只有 100 余名清洁工，地上没有一个垃圾桶，却依然非常干净。

一艘大船，尤其是像格力这样处于国内电器行业领军位置的大船能够行稳致远，就在于它有严苛的纪律和规定。这种纪律与规定对于任何一名员工来说都是平等的。每一

---

① SAMSAMdong 在旅途．董明珠说"我们公司一百万平场地，没有一个垃圾桶"，该公司为何这么设计？[EB/OL]（2021-04-11）[2023-02-09]. https://zhidao.baidu.com/question/1838628859628636340.htm.

个企业、每一个团体都有自己严格的一套规章制度，也正是这些细小的规章制度，体现了企业的精神和文化，严格地贯彻执行规章制度是一个企业最根本的命脉。

漠视规则猛于虎

“比老虎更可怕的，是人们对规则的漠视。”这是当年八达岭野生动物园老虎伤人事件后，网上出现的一则评论。

北京八达岭野生动物园曾经发生过一起轰动全国的“老虎伤人事件”。一名女游客在自驾游途中主动开门下车，引来了老虎的撕咬。随后，其母亲为救女儿，也冲下车与老虎厮打。但最终，人不敌老虎，母亲当场被老虎咬死，而该名女游客也被撕伤毁容。

根据园区规定，入园前，他们全家都签署了一份“游客入园条例”，并拿到了三张关于动物园的“六严禁”宣传单。其中，有一条严禁声明就是“园区危险，中途禁止下车”。

然而，对规则的漠视造成了这一起惨剧。

遵守规则就是保护自己。老虎伤人事件之所以发生，与这些人蔑视规则、无视警告、打破规则是密不可分的。小到一家企业，大家遵章守纪，大到国家社会，人们协同工作，共同实现梦想，都离不开你我的自律。

知识链接

一、严守规矩的内涵

什么是规矩？大家都很熟悉“无规矩不成方圆”这句古语。“规”和“矩”分别为古时校正圆形、方形的两种工具。规矩合成一个词语最早是在《礼记》中。《韩非子·解老》中说：“万物莫不有规矩。”最早把规矩上升到了哲学的高度。司马迁在《史记·礼书》中说：“人道经纬万端，规矩无所不贯，诱进以仁义，束缚以刑罚。”更加明确地指出，规矩贯穿于人类社会的方方面面，要以道德为教化，以刑罚为约束。

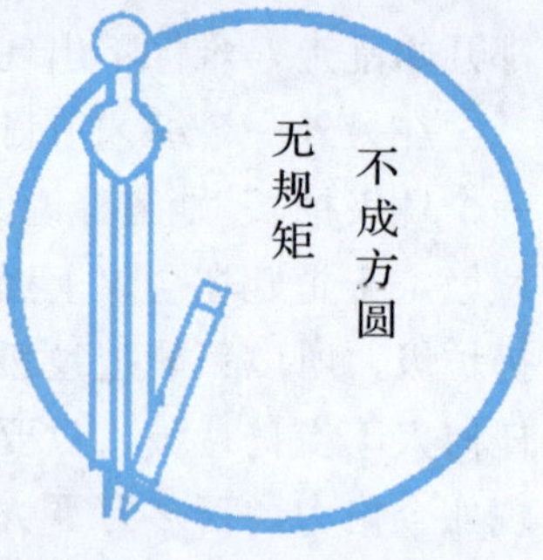

由此可见，规矩是事物内在的客观必然性，在自然科学中就叫规律，在社会科学中就叫规则，在日常生活中就叫规矩。企业的规矩又称企业规章制度，是企业管理中各种管理条例、章程、制度、标准、办法、守则等的总称。它是用文字形式规定管理活动的内容、程序和方法，是管理人员的行为规范和准则。

二、严守规矩在职场中的重要意义

国家要有法律法规制度，以此约束公民的行为。对于企业来说，规矩也就是规章制度，是企业内部的“法律”。严守规矩，即严格遵守企业各项规章制度，在职场中有着重要的意义。

1. 规章制度对企业的意义

首先，规章制度能够保障企业管理的有序化、规范化，最大限度地降低运营成本。其次，规章制度可以防止管理的任意性，可充分保护员工的合法权益。同时，它也是规范员工行为的规则，建立评判对错的价值标准，规范职业道德，使公司与员工双方的利益得以保障。

2. 严守规矩对职场不同角色的意义

职场中每一个规章制度都是建立在一视同仁的基础上的，制度面前人人平等，每位员工都应严格遵守和执行，这也是一个员工具有职业精神和职业素养的表现。

作为新员工，初入一个陌生的职场环境，学习和执行规章制度尤为重要。这是全面了解一个公司最直接的途径和手段。它不仅仅陈述公司的价值观和企业文化，同时也让新员工更直观更清晰地了解在公司所拥有的基本权利、应履行的责任和义务，更快地适应新的工作环境，迅速地融入团队，愉快地开展工作。

作为老员工，认真学习和遵守规章制度，可以明晰工作流程和工作权限，保证日常工作的顺利和高效，减少和避免工作的错误性。遵守工作程序，也能充分保护员工个人的利益。同时，提升自身职业化，促进与企业的共同成长与发展。

作为管理层，不仅要严格遵守各项规章制度，以身作则，做好表率，更应该在制度的执行过程中，做好监督和监管工作，指导、引导、纠正员工的行为，提高团队凝聚力，保证团队稳定性，提升团队竞争力。

三、职场规矩的特点

要严守职场规矩，先要了解职场规矩的特点。职场的规矩往往能够体现企业的价值观和企业文化，使员工能够有序地、愉快地开展工作。

1. 规矩与企业实际相符

职场需要的规矩是根据企业的实际情况来确定的。制定出的管理规矩在实践中经过试点或试验，证明它确实符合客观规律和本企业的实际情况，确实能取得良好效果，才会组织实施。严守规矩才能保证企业生产的顺利开展。

2. 规矩的执行需要管理层和员工相结合

职场的规矩是要全体员工来执行的，必须反映所有员工的集体意志。规矩的制定应包含领导的总结、群众的实践经验，充分听取员工的意见，这样才能扎根于员工之中，使广大员工自觉遵循执行。

3. 规矩有系统化、全面、统一的特点

系统指各项管理规范要配套，达到整体优化。全面指凡涉及经营管理活动全过程的各项工作、各个岗位都要有相应的管理规矩，做到有章可循。统一指各项管理规范应当相互协调，服从统一的领导意志和共同的目标。所以，职场中的行为都是有据可依、有章可循的。

4. 规矩使企业内部职务、责任、权限、利益相一致

职务是前提，责任是核心，权限是条件，利益是动力，四者缺一不可，必须相互一致。

5. 规矩的内容繁简适度、通俗易懂

职场的规矩一般都详尽明确，有关项目不能有遗漏和含糊之处，指标、要求尽可能定量化，并且行文简单明了、通俗易懂，使执行者易于理解和掌握。

四、如何严守职场中的规矩

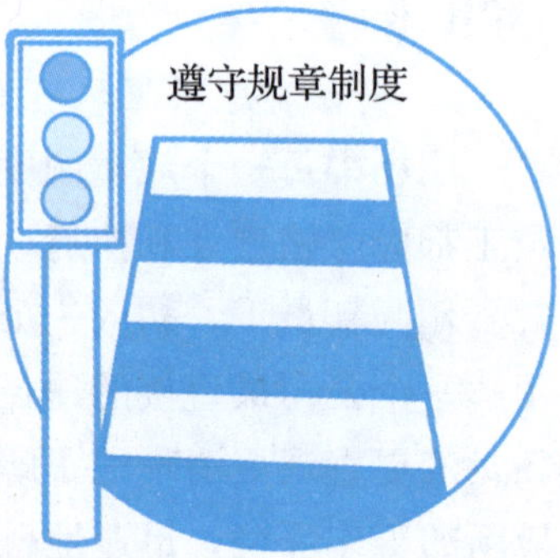

规矩一经制定和批准，就必须在实际工作中切实地贯彻执行。为使管理规范能顺利地得到贯彻执行，应当注意以下一些问题。

1. 执行要严格

必须严格按照管理规范办事，有章必循，违章必究，令出必行。执法不严格，管理规范就会失去权威性，实际上等于取消了管理规范。

2. 培训要全面

企业必须重视教育培训，通过教育培训，使员工全面了解规章制度，提高员工严守规矩的自觉性，掌握执行规矩所必需的业务技术知识和技能。

3. 贯彻要细致

大力培养严肃认真、一丝不苟的工作作风，反对马虎、凭经验干事的习惯。从细节入手，深入贯彻每一项规章制度。

4. 带头作用要明确

领导应成为执行管理规范的模范。要坚持在制度面前人人平等的原则，企业的一切规章制度，各级领导干部必须带头遵守，认真贯彻。

5. 考核要及时

企业要坚持定期和不定期的检查制度，通过检查发现问题，纠正不足。对每个部门、每个岗位都要实行定性和定量考核，把考核结果同提职、奖惩等结合起来。

6. 文化要加强

加强企业文化的教育，提升员工的归属感，从而提高员工工作的自觉性，由他律转变为自律。

五、规矩应不断完善

规矩不是一成不变的，随着企业的发展、技术的更新、管理水平的提高、人们认识的深化，管理规范也需要修改和完善。管理规范的修改，要注意处理好以下关系。

1. 正确处理“定”与“变”、“破”与“立”的关系

管理规范要有一个相对稳定的时间，不能朝令夕改。为此，要坚持先立后破的原则，只有制定出新的、合理的制度规范，让人们逐步熟悉和习惯之后，才能废除旧有的规程。

2. 管理制度的改革和管理规范的修订相结合

企业外部环境的变化及内部管理制度的改革，都涉及相应的管理规范的修订。凡是进行企业经营战略的转变、组织机构的改组、各项专业制度的改革，都必须相应地修改有关的管理规范。

训练提升

课堂活动——驿站传书

1. 活动目的

使学生强烈意识到充分沟通对团队目标实现的重要意义，学习制度规则的建立与修正。

2. 活动内容

全体学生排成一列，老师把一个带有 7 位数以内的数字信息卡片交到最后一位学生的手中，这位学生利用聪明才智把这个数字信息传到最前面学生的手中。当最前面学生收到信息以后要迅速举手，并把信息写在纸片上交给老师。比赛总共进行四轮。在信息传递的过程中有一些具体规则。

3. 活动时间

一节课，也可拓展为一个完整的系列活动。

4. 活动规则

（1）不能讲话、不能回头、不能传递纸条和扔纸条。

（2）相邻两人前一个人要完全挡住后一个人。

（3）当信息传到最前面学生手中时，最前面学生要迅速举手示意，并把信息交到白板附近的老师手中，计时会以举手那一刻为准。

（4）最终解释权和裁判权归老师。

（5）第一轮讨论时间 8 分钟，信息传递时间≤2 分钟。

（6）第二轮讨论时间 7 分钟，信息传递时间≤1 分钟。注意：第一轮所有方法不可用；第一轮规则继续生效，增加新的规矩，如头部不能动。

（7）第三轮讨论时间 6 分钟，信息传递时间≤40 秒。注意：前两轮所有方法不可用；上两轮规则继续生效，增加新的规则，如上半身不可动。

（8）第四轮讨论时间 5 分钟，信息传递时间≤20 秒。注意：前三轮所有方法不可用；上三轮规则继续生效，增加新的规则，如臀部不可着地。

5. 活动总结

工作中需要规则，在“驿站传书”活动中，学生通过实践，意识到作为行为准则的规矩发生变化后，就需要及时思考相对应的解决方式，学习规矩的建立与完善，同时也锻炼学生的沟通技巧。

户外拓展——泰坦尼克号

1. 场地要求

空旷的室外场地，注意扫清障碍物。

2. 活动道具

木砖 24 块（每组 6 块）、4 条长凳、2 根长绳（25 米）。

3. 活动时间

一节课。

4. 活动规则

（1）老师讲述故事：泰坦尼克号即将沉没，船上的乘客（学生）须在“泰坦尼克号”的音乐结束之前利用仅有的求生工具——6 块浮砖，逃离到一个小岛上。

（2）老师指导学生布置游戏场景：如图 3－1 所示，将 25 米的长绳在空地上摆成一个岛屿形状，在另一边，摆 4 条长凳，用另外的绳子作为起点。

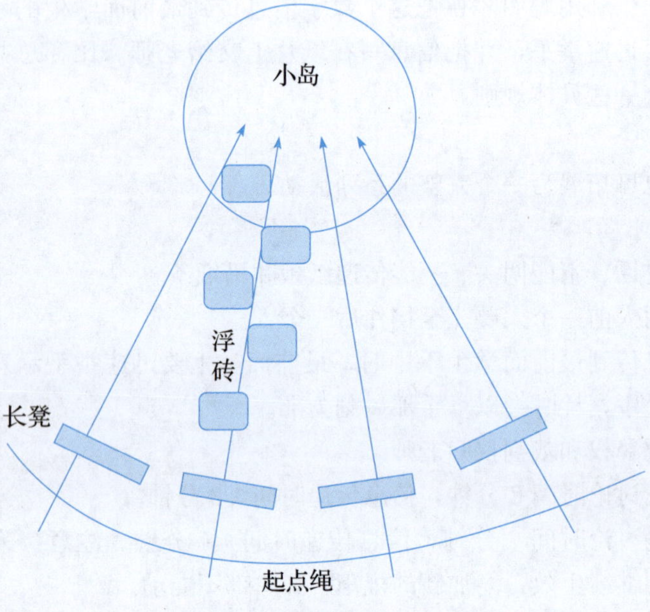

图 3－1　游戏场景

（3）给学员 5 分钟时间讨论和试验。

（4）出发时，每一个人必须从长凳的背上跨过（就如同从船上的船舷栏杆上跨过），踏上浮砖。在逃离过程中，船员身体的任何部分都不能与“海面”——地面接触。

（5）自离开“泰坦尼克号”起，在整个的逃离过程中，每块浮砖都要被踩住，否则老师会将此浮砖踢掉。

（6）所有人达到“小岛”之后，并且所有浮砖被拿到小岛上，游戏才算完成。

5. 活动启示

这个游戏既有角色分工，又需要团队合作，既有沟通指挥，又有对策调整，能够让学生从多方面感知职业素养。一个人在紧急情况下，才能更好地发挥其潜在的创造力和主观能动性，同时也考察学生在紧急情况下的服从性和自觉遵守规则的自律性。该活动帮助学生练习在遇到困难时如何做计划、如何合作以及如何有效地利用有限资源，按照指挥和规则有条不紊地摆脱困境。

课后延伸

做人守规矩则正，做事守规矩则成①

爷爷出生于20世纪初，是家里的老大。太爷爷省吃俭用供爷爷上完了高小，就送爷爷去了城里当学徒，干了一个当时相对时髦的技术活儿——白铁匠，就是凭借一把铁尺、一把大剪、一个T形铁砧子、一把木榧、一个圆规，不用铆钉和电焊，完全靠手工，把白铁皮加工成烟囱、水壶、水桶等生活工具的一个工种。爷爷一生与铁结缘，也就与铁尺、圆规相伴一生。

闲暇时，我总是缠着爷爷讲他年轻当学徒时的故事。大部分故事我都忘记了，唯独这个故事随着阅历越发深刻。

“爷爷16岁到城里学徒，学的是白铁匠。自恃读了几年书，认为可以很快上手，早点出徒，早点赚钱。没想到，前两年都是帮师娘看孩子，直到第三年，才有机会跟师父学技术。然而师父只教了一样，就是把白铁皮放到铁砧上，用木榧敲打白铁皮折边。就这一项工作，又做了一年。”

“第四年师父把爷爷叫到身边，说‘学徒先干一年打铁边，是规矩。一是磨性子，二是练下榧的精准度和手上的巧劲。白铁活儿特别是水桶活儿，是木榧一榧一榧敲出来的，手下重了，表面就有凹了，漏水。手下轻了，咬得不紧，也漏水。三年来你话不多，肯干，有这么一股白铁匠性子。所以今天开始，师父教你白铁活儿。世间万物相通，凡事都要有规矩，做人无规矩不正，做事无规矩不成，白铁活儿的规矩就是圆规和铁尺。把图纸用圆规和铁尺画在铁皮上，活儿就成了一大半。如果只凭脑子信手裁剪，那便失了规矩，定干不成白铁活儿。’最终爷爷学会了手艺，出了徒。自此就没有离开圆规和铁尺，无论活儿多简单，自己多熟练，爷爷在干活儿前总是拿圆规和铁尺量一量，画上几道线，让自己安心，也让买主安心。到后来，加入合作社，成立了锅炉厂，爷爷始终坚持‘做事不离规定，干活儿不离尺规’的规矩。自己如此，也要求徒弟如此。爷爷带的班组总是出错率最低的，产品也是最好的。爷爷今天讲给你听，也是希望你把这个规矩记在心中，一定会受用终生。”

爷爷去世已经很久了，甚至记忆中的相貌都已变得模糊，但故事里“规矩”二字却越发清晰。回顾求学和工作生涯，不按规矩，追求捷径的，几乎没有成功案例。循序渐

① 刘坤．做人守规矩则正，做事守规矩则成［EB/OL］.（2020－03－20）［2022－06－30］. https://ecro.mee.gov.cn/ztzl/hbqf/202003/t20200320_769781.html. 有改编.

进，按照规矩，往往水到渠成。规矩看似是累赘，是包袱，是条条框框，其实是事物前进的指南针，是大风大浪里的压舱石。每当出台一项新规定，工作中总结出一套程序时，我总是欣然遵守，认真学习。因为我知道，这是又赠与了我一套更加精确的圆规和铁尺，帮助我在工作中更好地前行。

小成靠智，大成靠德①
——玻璃大王曹德旺的“商道”格局

曹德旺在小时候就辍学了，他的成功更多是受益于“读无字之书”，在社会上历练的结果。俗话说，君子爱财，取之有道。经商如果没有“道”是不行的。曹德旺虽然没有接受正规的教育，但他对中国的传统文化却颇有心得，甚至从某种意义上讲，曹德旺的“商道”就根植于儒家的“五常”：仁、义、礼、智、信。曹德旺在谈及小企业的成功之道时，就特别点出“仁、义、礼、智、信”的重要性。

“仁”是立身之本，若是自私自利，光顾着自己，贪得无厌，那就破坏了自己的外在生态。你不顾别人，那你也好不了，所以“仁”也是自保之道。利他的内涵就是利己。

有个说法叫“义无反顾”，人生在世，不讲“义”是不行的。曹德旺表示，“义”就是敢于挑战未来，敢于面对，是我错了我承担、是你错了我也有可能站起来说“你必须改”，这才是和一个企业家匹配的身份。

至于“礼”，它强调的是游戏规则，是规矩。无规矩不成方圆，做企业不能不讲规矩。在曹德旺看来，员工说自己忠于老板，这是投机取巧的说法，真正的“忠”应该是忠于企业的规章制度，守规矩。

“智”的重要性不必多说，“企业家必须做到识人面高低、见未知长短——事情一出来，就知道这是大事还是小事、可以做还是不可以做”。否则，做企业无智无识，在商场上只能是落得个被吃掉的下场。

经商以诚信为本，一旦失信，那做生意的成本就太高了。客户不信你，员工不信你，没有人愿意跟你合作，你又怎么可能成功？

“仁、义、礼、智、信”这5个字连起来就是大德。曹德旺曾说，做生意要是能够推动大德，必定成功。毕竟，小成靠智，大成靠德。

自然界也要严守规矩②

电影《奇幻森林》讲述了狼群养大的人类小男孩毛克利，被逼迫放弃赖以为生的森林之家，踏上了一场波澜壮阔的大冒险的故事。“规则”在两个小时的电影中多次出现，毛克利和狼群无数次背诵“森林规则”，乃至于最大的反派谢利可汗被打败后，所有动物

① 百度老方说. 小成靠智，大成靠德！[EB/OL]. (2018-04-14)[2023-03-25]. https://baijiahao.baidu.com/s?id=1717016580781950203&wfr=spider&for=pc. 有改编.

② 小峰聊生活. 电影《奇幻森林》向我们阐述了规则的重要性：无规矩不成方圆 [EB/OL]. (2019-04-10)[2022-06-30]. https://baijiahao.baidu.com/s?id=16304265620 96444575&wfr=spider&for=pc. 有改编.

所感谢的不是武力，而是规则。“规则”究竟是什么？全片并没有交代，但在丛林当中规则的影子始终贯穿：当河水水位下降至和平石，进入枯水休战期，食肉动物与食草动物和平分享剩余的资源，这是每个动物都要遵守的规则；即使强大如老虎可汗也不敢在休战期动武。狼群首领阿卡拉之所以当首领，是因为他的严守规矩被人尊敬，而非武力超群。

老虎可汗乘其不备杀死首领并获取统治权是不合规则的，所以它一定要被推翻。身在狼群，必须遵守狼群的规则，否则会被当成异类而遭受排斥。这规则到底是什么呢？更像是秩序和社会群体认同的集合体。在社群当中，每个人所扮演的角色是这样，那么他就应该这样做。不遵守规则必将被驱逐或者被消灭。

《奇幻森林》剧情简单明了，人物形象鲜明，具有深刻的教育意义。它明确向我们阐述了规则的重要性：无规矩不成方圆。

我的职业素养心得

这节课，我收获了____

____

____

____

____

____

____

第二节　诚实守信

——以诚信为底色，绘多彩职场梦

目标导读

知识目标：了解诚实守信的定义、内涵、特征以及要求。

能力目标：在日常学习和生活中，主动培养诚实守信的道德习惯。

素养目标：认识到诚实守信对于个人和国家的重要性，在日常生活中践行诚实守信。

自我职业素养探索

你的“诚信度”是多少？

说明：所有问题都没有好坏或对错之分。请选择让你“最自然的”“最真实的”反应，而不是“最好的”“最应该的”。请将最符合你的答案填在括号内，每组只选一个答案，做完全部题目后，按提示计算总分。

1. 朋友之间有借东西的现象，借了后你是否及时归还？（　　）

A. 是

B. 偶尔会拖欠

C. 否

2. 你在对别人许下诺言之前，会认真考虑吗？（　　）

A. 会

B. 有时会

C. 不会

3. 当你横穿马路时，你的做法是（　　）。

A. 坚持走斑马线过马路

B. 多数时候会走斑马线

C. 很少走斑马线

4. 在重要的工作会议场合，要（　　）。

A. 保持安静，不喧哗

B. 随便一些

C. 自由交谈，随便走

5. 公司财务发工资时多发给了你 200 元，你将（　　）。

A. 找财务退还多余的钱

B. 等财务或同事发现了再归还不迟

C. 这不是我的错，不要白不要

6. 公司采购材料，用了 5000 元，却对公司报账 6000 元，你（　　）。

A. 绝对不会这么做

B. 有点羡慕

C. 也想这么做

7. 在做公司项目计划书时，个别同事会出现抄袭现象，你（　　）。

A. 从来没有这么做过

B. 曾经这么做过

C. 经常这么做

8. 在路上捡到物品，你会（　　）。

A. 问问周围的人是否丢了物品，实在找不到失主，就带回家

B. 占为己有

C. 交给警察

9. 同事一起出去吃饭，说好了大家 AA 制，但在最后买单的时候，小明佯装上厕所逃避了买单。如果你在场，你会（　　）。

A. 等小明上厕所回来要求他付他那一份

B. 觉得无所谓

C. 以后远离他

10. 在你犯错后承认错误时，你通常会（　　）。

A. 毫不保留、彻底把自己的错误说出来

B. 为了减少责罚，只讲一部分

C. 努力为自己辩解，并尽量把责任推到别人身上

11. 你在公众场合乱扔过垃圾吗？（　　）

A. 没有

B. 偶尔扔过

C. 经常扔

12. 别人乱丢垃圾后扬长而去，你会捡起来放入垃圾桶吗？（　　）

A. 肯定会

B. 有时会

C. 不会

13. 草坪已有践踏出来的“近道”，你会抄近道吗？（　　）

A. 不会

B. 有时会

C. 会

14. 吃不完或不对味的饭菜你会倒掉吗？（　　）

A. 不会

B. 有时会

C. 会

15. 当和同事发生冲突时，你（　　）。

A. 先想想自己有没有错

B. 和同事讲道理，谦让同事

C. 不管，反正不输给同事

【计分方法】

A：3 分　B：2 分　C：1 分，采用累计计分形式。

【你的总分】＿＿＿＿＿＿＿＿

【结果分析】

31～45 分：你的诚信度很高，无论是职场诚信，还是社会秩序诚信。相信你在以后的职场生涯中，会将人际关系处理得很好，事业上也能够取得不错的成就。

21～30 分：你的诚信度中等，说明你的职场信念不够坚定，容易人云亦云。在以后的职场生涯中，你需要坚定职场目标，提升自身职业道德，这样你在职场中才能如鱼得水。

10～20 分：你的诚信度较低，在职场中你比较容易心生抱怨。希望你能够多加强职业道德方面的修炼，提升职业素养，提高职业诚信度，一切都还来得及！

前车之鉴

错招一个人，企业需要付出多少成本？一本关于人力资源的经典图书中写道：错招一个人的成本是其年薪的15倍。提起招聘过程中遇到的各种问题，恐怕每一个人力资源主管都能说出一箩筐。“去年一年，我们大概筛选出1000多位应聘候选者参加现场面试或网络面试，但是其中有80%的人出现各种理由的临时爽约，让人非常头疼。”负责企业员工招聘工作的刘经理向某杂志描述了令她近乎崩溃的招聘过程。

2021年6月至7月，国家信息中心联合有关专家及机构，对“2021中国现代信用发展指数”进行了调查。结果显示，“失信成本太低”“个人利益驱使”成为公众认知中职场失信问题发生的主要原因，占比分别达到82.7%和15.3%。

“我很同意失信成本太低这个说法，早早安排的面试，结果当天只打一个电话告诉我不来就了事了。这还算是好的，有的根本连电话都不打，直接就玩失踪。”有一位求职者让刘经理印象深刻：她很早就开始向刘经理所在公司投递简历，“当时显示她是仍然在职的”。第一次，单位通知这位求职者在规定时间内加面试官的微信，约定面试时间，但是她始终不加。过了约定时间，她又临时加上微信，要来参加面试。招聘单位还是给了她面试机会，约好第二天上午11点线上面试，结果到了时间，这位求职者并没有如约出现，打电话过去也不接。当面试官决定取消面试后，她又打来电话，强烈要求再给她一次机会。刘经理表示：“今年我们招聘，我发现她又投了简历，于是直接把她列在淘汰行列。”

刘经理负责的招聘中，有人因为路远、天气不好不愿意来参加面试，有人面试后当晚就说已经找到工作，还有人已经无限接近求职成功却通知放弃……“对我们来说，招聘成本很高，特别是已经通过终轮面试却不来的那种，他们实际上占用了其他人的名额，导致单位放弃了其他优秀的人选。”

采访中，很多人力资源管理者都表示，他们会对应聘者进行严格考核，对于以往有频繁跳槽经历或明显缺少责任感的人，一定会慎重考虑。很多企业已经对“人品>能力”形成共识。

资料来源：郭玲. 2021中国现代信用发展指数66.9：职场诚信，你做到了吗？[EB/OL].（2021-08-17）[2023-02-14]. https://www.360kuai.com/pc/985dca7dabdcd1406? cota=3&kuai_so=1&sign=360_57c3bbd1&refer_scene=so_1. 有改编.

【案例点拨】 进入职场，诚信是最珍贵的敲门砖。面对种类繁多的职场失信行为，企业逐渐开始意识到背景调查和诚信管理的必要性。因此作为求职者，应该重视并学会给自己的诚信保值。

素养感知

从收银员到超市经理，她始终坚守诚信[①]

说起附近的这家超市，不少居民会说“口碑好”“声誉好”。34 岁的孙某，就是这家面积 3000 多平方米、有 30 多名员工的超市经理。大学毕业后，孙经理一步一个脚印，从收银员到企划人员，再到经理。不管在哪个岗位，她始终坚守诚信经营、言而有信。

和员工开早会、晚会，帮大家提升服务意识、技能技巧；和员工一起工作，检查商品的质保期、卫生、价签，为的是给百姓提供放心的商品，让大家能安心地购物……这是成为超市经理 5 年以来，孙经理每天工作的常态。

在孙经理看来，超市要发展得好，除了靠过硬的商品质量，还需要长期秉持诚信经营的服务理念。坚守着诚信经营的理念，孙经理干一行、爱一行、钻一行。如今的她，熟悉从商品采购、仓储、陈列到营销、人事的每一个环节。在进货渠道上，她严把质量关。采购商品，她总要先做好前期调查。与厂家结算货款及时，她总会努力保障货物资金良性流通，得到供应商的充分信任。目前，超市已与 100 多家优质供应商达成长期合作。日常管理中，她常向员工强调，信誉就是企业的生命，必须日复一日地坚守。孙经理说：“生意经营的就是口碑。无论是对顾客还是对供应商，都必须坚持做到诚实守信。”

虽然已经是一位经验丰富的超市管理人员，但孙经理却没有停止过学习。她参加现代企业经济管理高级研修班、巾帼创新业带头人培训班、工商联组织的民营企业高级研修班以及各类营销、管理课程，学习让她对零售行业有了更深刻的认识：在风起云涌的市场经济环境中，要坚持公司“诚信赢市场、服务创价值”的经营理念，并且要不断引进新的思想理念、不断创新，这样才能带领团队走得更远，企业才能健康发展。

年初，新冠肺炎疫情突如其来。当市民响应号召宅在家里时，孙经理和同事却一直坚守在各自的工作岗位上，为市民提供优质的商品和服务。这家超市成了社区居民生活重要的补给站，让大家能踏实、安心地宅在家中。

在热爱的零售一线，孙经理带领员工不断创新，秉承着“诚实守信”的原则，为百姓提供好商品、优服务，心系员工，感恩社会。她也用自己 11 年的坚守，诠释着新时代主人翁精神。

第一届感动中国人物——诚实守信徐本禹[②]

2002 年暑期，当时还是大三学生的徐本禹参加社会实践活动，到一所岩洞小学支

---

① 从收银员到超市经理，她始终坚守诚信 [EB/OL].（2020-07-31）[2022-08-11]. https://www.toutiao.com/article/6855442734493205006/?channel=&source=search_tab. 有改编.

② 全国诚实守信模范候选人：徐本禹事迹 [EB/OL].（2016-09-21）[2023-03-11]. https://news.cctv.com/special/daode/20070830/108491.shtml. 有改编.

教，那里艰苦的生活条件、简陋的学校以及山区孩子强烈的求知渴望让徐本禹深深震撼。社会实践结束离开时，他面对依依不舍的孩子们，许下了一个诺言：“大学毕业后，我再回来教你们。”

2003 年，徐本禹以高分考取了学校公费硕士研究生。是继续读书，还是兑现一年前许下的诺言？经过慎重考虑，徐本禹决定，到山区义务支教两年。学校得知他的情况后，也决定破例为他保留两年研究生入学资格。

他先后任教于岩洞小学和大石小学。那里不通电，不通公路，不通电话，没有自来水，主食是玉米渣子，气候也非常恶劣。艰苦的条件使徐本禹落下了胃病，视力急剧下降，内心的孤独和寂寞更是令他痛苦万分。但他总是提醒自己：“答应别人的事情一定要做到，无论多苦也要坚持下去，做一个言而有信的人。”

支教期间，他努力地实践着他的每一个承诺。他答应孩子，有机会带他们走出大山到北京去看看，2006 年暑期，在他的努力和社会各界的大力支持下，山里的孩子们终于到了北京；他曾说过“要让这里的孩子们都能上学”，于是工作之余，他四处奔波，为改善当地办学条件争取社会援助，在当地建成了两所希望小学，使当地适龄儿童入学率达到 98%以上；为了兑现承诺的“每分钱用到孩子们身上，每笔捐款都要给资助者一个交代”，他建立了支教基金网，如实公布每笔捐款的用途，及时向每个捐款者反馈信息。自 2004 年 7 月起，徐本禹先后收到捐款上千笔，金额达到 100 多万元；收到捐赠物资数十万件，折合金额超过 500 万元，笔笔有回复，件件有着落，没有出现一点差错，没有引起一点质疑，受到了捐资者和社会各界的好评。

2007 年，徐本禹又作为共青团中央海外援助志愿者，启程远赴非洲津巴布韦，在那里继续他的支教事业。徐本禹用自己的行动诠释和践行着诚实守信的传统美德。

徐本禹先后荣获共青团中央中国青年志愿服务金奖、第十一届中国青年五四奖章等荣誉，成为时代的楷模。

知识链接

一、诚实守信的内涵

《礼记·祭统》中说道：“是故贤者之祭也，致其诚信，与其忠敬。”诚信，即以真诚之心，行信义之事。诚，真实，诚恳；信，信任，证据。所以说，诚信，是诚实无欺，信守诺言，言行相符，表里如一。

诚实守信是一个道德范畴，是公民的第二个“身份证”，是日常行为的诚实和正式交流的信用的统称，泛指待人处事真诚、老实、讲信用、一诺千金等，但一般主要是指两个方

面：一是指为人处世真诚诚实，尊重事实，实事求是；二是指信守承诺。

诚实守信是做人的基本准则，也是社会道德和职业道德的一个基本规范。诚实守信是各行各业的行为准则，也是做人做事的基本准则，是社会主义最基本的道德规范之一。

二、诚实守信的特征

1. 普遍性

诚信是一种面对全体公民的普遍的道德要求，是每个公民都要遵循的基本的道德义务。作为中、高职学生，更应该把它深深植根于心中，植根于个体的一切精神交往、实践交往过程及其关系之中。

2. 自律和他律的统一性

作为一种基本的道德规范，诚信既需要作为社会组成部分的个体的自律约束，也需要社会法律制度对个体的客观约束。自律与他律的统一是诚信品格养成的需要。主体自觉地提升道德认知，同时在现实生活中不断实践和磨砺，是诚信品格养成的基本条件。自律、自觉是主导，只有主体提高认识、增强自觉，才能主动地去实施诚信行为；他律、规范是必需，能够防止偶然和懈怠情绪的产生，降低唯利是图、坑蒙拐骗等失德行为的发生概率，营造全社会讲诚信、讲责任、讲良心的强大舆论氛围。因此，诚信要求自律与他律相结合，自我修养与制度保障相统一，以杜绝失信行为的产生。

3. 规则性

现代的诚信是建立在伦理规则基础之上的，它所要求的“诚”是对规则和契约的“诚”。它所要求的“信”不仅是熟人之间的“信”，更重要的是对规则的诚信。

“信”就是要信守规则，循章守则，不得破坏或违背规则，不得用欺骗、造假等手段来规避规则，或者逃避规则的制裁。

“信”就是信守契约，如实履约。

只有对规则、契约的诚信，才能形成个人之间的诚信；也只有这样一种诚信，才能成为维系社会公共秩序的公民道德，成为维系市场秩序的经济伦理。

4. 自觉性

诚信按其本意，是自觉兑现承诺，因此，诚信的一个特征是利益的自觉兑现。但在市场经济中，利益是决定行为的原动力，当毁约的收益大于毁约人的交易成本时，一些不诚实的人就可能要毁约。毁约不仅会造成对方的损失，也会造成经济秩序混乱，影响社会的安定和经济的正常发展。诚信缺失，会遭到别人乃至社会的反对。因此，对于诚信缺失行为，相关利益人和政府均要求“强制兑现”。

三、职场诚信的要求

1. 诚实劳动

遵规守纪，按章办事，严格遵守和执行公司各项规章制度。严谨操守，廉洁自律，不收受与公司业务有关的单位或个人的馈赠、贿赂或向其挪借款项。多一点实干精神，少一些虚情假意，认真务实地履行自己的义务，干好本职工作。诚信做人，踏实做事。

习近平总书记强调："人世间的美好梦想，只有通过诚实劳动才能实现；发展中的各种难题，只有通过诚实劳动才能破解；生命里的一切辉煌，只有通过诚实劳动才能铸就。"

2. 关心企业发展

坦诚沟通，顾全大局，时刻把公司整体利益放在第一位，积极主动与公司内部各部门做好配合，真实地反映问题。

坚定地同公司保持一致，听从命令、服从指挥，按规章制度生产和操作。

根据公司的相关要求及流程，选择合作伙伴和进行业务决策，真诚地对待合作者，建立利益共同体，友好往来，共担风险，共享辉煌。

在工作及业务往来中，尽可能地降低成本，提高效益，树立企业主人翁意识。

3. 遵守合同和契约

职场的契约有两种表现形式：一种是有形的契约，比如我们签订的劳动合同、保密协议等，这些是有条款可以依据和遵照的；另一种是无形的契约，比如某一种约定、承诺，甚至是公共意识中应该有的内容、某种责任心和社会责任的承担等。契约本身就是一种精神，如果它能扎根于我们的生活，那么我们表现出来的态度和举止也就会是职业、专业和敬业的。

契约精神可大可小，大到对法律的尊重，小到人生的细节。契约精神也和人的阅历和成长经历有关。曾经在很长一段时间内，有人抱怨办公室里的年轻员工没有责任心，下班时间一到立马消失，即便是有一份很重要的文件要完成，有一个很重要的数据要核实，他们都以劳动合同上的工作时间来规范自己，这本是最简单的契约遵守。但在实际工作中，除了法律的条文外，还有自我的约束和责任。所以职场的契约精神，其实也体现在做事的靠谱和对时间的尊重上。

概括而言，职场的契约精神不外乎遵守法律，遵守约定，遵守承诺并尊重时间，尊重职业伙伴和商业伙伴。真正的契约精神也是一种世界观和价值观，拥有契约精神的人，必然会对自己有较高的要求，在履行契约的时候尽善尽美。这样的人，无论在职场中还是生活中，都将是一位受欢迎的伙伴。

四、做到诚实守信的方法

生活中，有很多人性格粗犷、不拘小节，不注意小事的承诺而失去信义。有的人甚至因为不信守承诺，经常失信于他人，最终被孤立起来。这样的事屡见不鲜，这就说明了信守承诺的必要性和迫切性。信守承诺的重要性自然不言而喻，那么怎样才能培养信守承诺的品格呢？

1. 要有强烈的责任感

信守承诺，就是要为自己的言行负责，这是一种不可推脱的责任。只有加强了责任感，才能更好地为他人着想，才能言必信、行必果。当一个人把每一个承诺都当成自己必须履行的责任去践行时，他不仅会成为一个信守承诺的人，也会成为一个对自己负责、对人格负责、对他人也负责的人。

2. 做出承诺前要三思而后行

做出承诺前，要慎重考虑事情的各个方面，酌情考虑自己的现实情况，不盲目，不夸张。对他人慎重而又郑重地作出承诺，既是对别人的尊重，也是对自己的负责。

3. 注重小事的承诺

一个人的品质往往在不起眼的小事中更能体现出来。信守承诺更是这样。不管承诺的是多小、多简单的事，都要认真对待，都要努力践行。做一个信守承诺的人，就要注重生活的点点滴滴，关注生活的细节，千万不能在小事上跌跟头。越是在小事上，越是能体现人性的光芒。

4. 树立自身良好形象

商场中笑到最后的一定是知名度和美誉度皆优的品牌，一样的道理，生活中如能将“诚信”进行到底，也必将为自己争取到无限的可能。诚实守信，能够持之以恒做到的人，就能树立自身良好形象。它既体现在做事，也体现在做人。做事能反映出“个人”，做人也直接关系到如何“做事”，二者相互联系，不可分割。

训练提升

课堂活动——“口是心非”挑战赛

1. 活动目的

通过游戏，让学生明白做人要坦荡、诚实守信，做到心口如一。

2. 活动规则

两名同学为一组，一个同学提问，另一个同学作答，回答的答案只有两个：是或否。答的时候，要加上动作，摇头或点头表示真实的答案，而嘴里说的，却是错误的答案。

比如：A 同学问：你是否喜欢吃辣椒？B 同学回答：否，但要做点头的动作。

3. 活动时间

一节课。

4. 活动总结

口是心非，真是一件很辛苦的事，精神要十分集中，要承受很大的心理压力，长期下去还可能会引发一系列的心理问题。这个游戏旨在促使学生培养诚信意识，营造一种诚信氛围，为学生的健康成长创造更好的校园环境。

户外拓展——信任背摔

1. 场地要求

空旷的室外场地，要有高台。

2. 活动道具

束手绳。

3. 活动时间

一节课。

4. 活动规则

8 人为一组，每个队员都要站上高台，手往后被束手绳套住，然后笔直地从高台上向后倒下，而其他 7 位队员则伸出双手相互交叉织成一个“网”来保护他。每一个人从站上高台开始计时，倒下至队员“手中网”为结束。每一位队员的用时相加，则形成每一组的总用时，用时最少的队伍获胜。

队员可以商量怎么让这张“网”最结实。

5. 活动目标

培养团体内的高度信任；信任取决于沟通；换位思考，责任与信任是相互的。

6. 活动启示

团队业绩的体现，离不开队员之间的信任，但往往队员们很难理解信任是如何建立的，这个小游戏就是为了让队员们体会在某一环境下自己怎样建立起对伙伴的信任。每个人都希望可以和他人相互信任，否则就会缺乏安全感。要获得他人的信任，就要先做个值得他人信任的人，做个诚实守信的人。

课后延伸

宋庆龄讲诚信的故事①

在宋庆龄小的时候，一天早晨，一家人正准备去李伯伯家做客。突然，她告诉父母：“我和小珍约好，今天上午我要教她做纸花，我不去李伯伯家了。”

爸爸说：“以后再教吧！明天再和她解释一下，再说，李伯伯家有你喜欢的鸽子，你不去会后悔的！”

“不会，”宋庆龄想了想，说，“你们去吧，我在家等她，我不能失信。”

妈妈想了想，说：“就按她的意思吧！‘言必信，行必果’，一个有道德的人要讲信用，不能自食其言。”

就这样，宋庆龄一个人在家等小珍。11 点了，小珍还没来，宋庆龄十分失望。

中午，父母回来了，听宋庆龄说小珍没来，爸爸说：“唉！要知道她不来，就不等她了。”

宋庆龄却说：“不。没有来，我也要等。虽然没有等到，但我心里很坦然。”

宋庆龄就是这样，从幼年时起，终身都要求自己恪守信用，决不自食其言，最后成为受人景仰的“大先生”。

---

① 宋庆龄讲诚信的故事［EB/OL］.（2020－11－13）［2023－02－20］. https://wenku.so.com/d/7b082a3e6979caf5f03ff60c5d3e90fc. 有改编.

老板不讲承诺的故事①

小玲是公司市场部助理，因为工作出色，经常受到上司的表扬。月末，她在统计销售数量时，发现销售数据与往常反差极大，于是她马上与业务员联络，要求业务员重新统计数据。经业务员核查，销售数据确实出现疏漏，移了一个小数点，也就是说，实际销售数量比上报来的数据多了一个位数，这样从客户那里收回来的账款就会少很多。

小玲核实情况后，把数据交给了上司，上司庆幸发现及时，没有给公司造成重大损失。他高兴地对小玲说："干得不错，小玲！这个月的工资单已经报上去了，下个月多发一笔奖金给你，算是对你工作认真的奖赏！"小玲心里高兴，工作起来更加认真了。

很快到了下个月末，小玲等着上司给自己发奖金，但是等她拿到工资条时却发现根本没有那笔奖金的踪影，她便去查工资卡，结果与工资单上的数据一样。小玲不高兴，但又不好意思去找上司问，只好算了。后来，上司又提过几次加薪，结果也都没有落实。渐渐地，小玲也不指望上司主动给自己加工资了，她直接找到上司要求加薪，上司不好意思地说他忘了这件事了，这个月就给她加上。小玲只好等，可是左等右等，她的工资还是那么多。

小玲觉得在这个公司干没前途，所以另外寻找工作，递交了辞呈。上司这才后悔自己当初不守承诺，致使一个优秀的人才流失了。

其他的人知道小玲的事情后，都不太敢相信上司给的承诺，工作起来也不积极，公司的业绩大幅下滑，很快就倒闭了。

我的职业素养心得

这节课，我收获了____

____

____

____

____

____

____

____

① 诚信在职场中的重要性［EB/OL］.（2022－06－06）［2023－02－20］. https://wenku.baidu.com/view/8613bd63bb0d6c85ec3a87c24028915f804d8404?aggId=a58b5447deccda38 376-baf1ffc4ffe473368fd81. 有改编.

第三节 责任担当
——增强责任意识，激发担当精神

目标导读

知识目标：理解责任的含义，了解责任担当的具体表现，懂得职场人的责任，体会不同岗位的责任担当。

能力目标：养成尽职尽责的习惯，培养面对问题敢于担当的责任心。

素养目标：树立责任意识，激发担当精神，在学习、工作、生活中知责、担责、履责、尽责。

自我职业素养探索

你有责任感吗？

指导语：在现代生活中，每一个人都面临着许多问题，都需要负起不同程度的责任，责任感的强弱直接影响着你的生活。请对下列题目进行测定，了解自己是否具有一定的责任感。回答有“是”“否”“不确定”三个选项。

1. 你是否觉得自己的良心过强？
2. 你是否经常准时赴约？
3. 你是否信守这样的格言：“值得做的事就做得好”？
4. 你总是能受到别人的依赖吗？
5. 你是否喜欢顺其自然地生活？
6. 你是否经常把事情留到非做不可的时候才做？
7. 你是否偶尔有这样的倾向：“凡事顺其自然”？
8. 你是否很难做那种需要持续集中注意力的工作？
9. 你是否觉得万事开头难？
10. 你是否常常丢三落四？
11. 你是一个无忧无虑的人吗？
12. 你喜欢写评论文章吗？
13. 你是否以一种严肃、负责的态度对待人生？
14. 你被认为是一个容易相处的人吗？
15. 如果你说出来要做某事，你是否从不食言，尽管做此事可能很困难？

16. 在工作中，你是否有时草率粗心？
17. 你接到信件后就立即给别人回信吗？
18. 你对未来是否不太关心？
19. 你能问心无愧地说你比大多数人都守信用吗？
20. 当早晨需要在某一钟点起来时，你上闹钟吗？
21. 你是否总是奉行这样的准则：“劳于先而后享乐”？
22. 在选举中，你是否觉得选谁都无所谓？
23. 上学时，你是否偶尔逃过学？
24. 你是否有时喝得醉醺醺的？
25. 你是否宁愿寻找果皮箱，也不把废弃物随手扔在马路上？
26. 你定期做牙科检查吗？
27. 你对自己的身体状况了解吗？
28. 你是否有时装病以逃避不愉快的责任？
29. 你是否觉得为自己的晚年精打细算毫无意义？
30. 如果在街上捡到一件值钱的东西，你是否会把它交给警察？

【计分方法】

分值表如表 3-1 所示。

表 3-1 分值表

1＋	2＋	3－	4＋	5－	6－	7－	8－	9－	10－
11－	12－	13＋	14－	15＋	16－	17＋	18－	19＋	20＋
21＋	22－	23－	24－	25＋	26＋	27－	28－	29＋	30－

说明：题号后标“＋”的，肯定回答得 1 分，否定回答不得分，无法确定的得 0.5 分；题号后标“－”的，否定回答得 1 分，肯定回答不得分，无法确定的不得分。

【你的总分】____________

【结果分析】

得分在 15 分及 15 分以上：认真谨慎、稳重踏实、责任心强、值得依赖，甚至可能有点强迫性。

得分在 15 分以下：平时随随便便、漫不经心、不拘礼仪、毁约失信、难以预测，多少缺乏一些社会责任感。

前车之鉴

有个老木匠准备退休，他告诉老板，说要离开建筑行业，回家与妻子儿女享受天伦之乐。

老板舍不得做得一手好活儿的木匠走，再三挽留，决心已下的木匠不为所动。老板只得答应，但问他是否可以帮忙再建一座房子，老木匠答应了。

在盖房过程中，大家都看得出来，老木匠的心已不在工作上了，用料也不那么严格，做出的活儿也全无往日水准。老板并没有说什么，只是在房子建好后，把钥匙交给了老木匠，说："这是你的房子，是我送给你的礼物。"

老木匠愣住了，同样，他的后悔与羞愧大家也都看出来了。他这一生盖了多少好房子，最后却为自己建了一幢粗制滥造的房子。

【案例点拨】其实我们每时每刻都在为自己建造着生命的归宿，任何一个不负责任的行为，都会产生不良的后果。工作意味着责任，岗位意味着责任。在这个世界上，没有不需要承担责任的工作，也没有不需要完成任务的岗位。工作的底线是尽职尽责，坚守岗位，完成任务。

素养感知

步履蹒跚却坚持为患者多赢一秒①

来势凶猛的新冠肺炎疫情让 2020 年成为不平凡的一年。不平凡的一年总有不平凡的人能够身姿伟岸，总有勇敢的人能够迎难而上，冒着被传染的风险义无反顾奋战在疫情防控的第一线。

武汉市金银潭医院张定宇院长在自身患有渐冻症的情况下，依然以强烈的责任心扛起重担。他所在的医院是这次疫情中最早接收新冠肺炎患者的定点医院，疫情的严峻使得医院每日收治病人量剧增，整日高负荷运转。张定宇院长压力倍增，作为一名渐冻症患者，他步履蹒跚却依然深深扎根于疫情防控的第一线，义无反顾地奔走在医院的病房，为患者的生命健康与时间赛跑，时时刻刻将患者的生命健康记挂在心中。

在疫情防控期间，在武汉另一个医院工作的妻子不幸感染新冠病毒，但张定宇放不下医院的繁重工作，日渐增多的患者也让他无法脱离工作岗位，无法亲自照顾家人。他心心念念的都是患者，彰显了医生大爱无疆的情怀。他说："因为生命留给我的时间不多了。我是一个渐冻症患者，双腿已经开始萎缩，全身都会慢慢地失去知觉。我必须跑得更快，才能跑赢时间，把重要的事情做完；我必须跑得更快，才能从病毒手里抢回更多的病人。"

张定宇院长舍小家为大家，不仅赢得了患者的尊重，更赢得了人民的敬佩，被评为"2020 年度感动中国十大人物"。

学习黄文秀的责任和担当②

2019 年，黄文秀被评为年度感动中国人物，习近平总书记对黄文秀同志先进事迹作出重要指示。他强调，广大党员干部和青年同志要以黄文秀同志为榜样，不忘初心、牢

① 张紫腾. 感动中国十大人物之张定宇［EB/OL］.（2021 - 03 - 02）［2023 - 03 - 13］. https://baijiahao.baidu.com/s?id=1693103011919665438&wfr=spider&for=pc. 有改编.

② 学习黄文秀的责任和担当［EB/OL］.（2020 - 11 - 27）［2023 - 03 - 17］. https://www.sohu.com/a/434652238_120929038. 有改编.

记使命，勇于担当、甘于奉献，在新时代的长征路上作出新的更大贡献。

黄文秀从为改变命运而发奋读书，到学成后毅然回到家乡，将“人民对美好生活的向往就是我们的奋斗目标”这一党的庄严承诺融进自己的生命历程，不辞辛劳、不惧危险，带领村民在摆脱贫困的征途中奋力前行，用短暂的生命谱写了一曲新时代奋斗者之歌。

黄文秀在广西工作期间，积极响应组织号召，到贫困乡村担任驻村第一书记。她积极推进村屯亮化、道路硬化、蓄水池建设等工程建设，带领群众脱贫致富，为这片土地尽了一份绵薄之力。她也是一位有责任、有担当、有孝心的女儿，她无微不至地照顾年迈、多病的父亲。2019 年 6 月 17 日凌晨，黄文秀同志从百色返回乐业途中遭遇山洪因公殉职，年仅 30 岁。

她勇于担当，善于作为，用生命诠释了一名共产党员应有的价值追求和使命担当。

知识链接

一、什么是责任

责任是指一个人必须承担的事情，是一种职责和任务。它伴随着人类社会的出现而出现，有社会就有责任。责任产生于社会关系中的相互承诺。在社会的舞台上，每种角色往往意味着一种责任。当我们在承担一项责任的时候，要付出一定的代价，但也意味着获得回报的权利。责任具有以下特点。

1. 丰富的内涵

责任可以从不同层次、不同形式来区分，可以从不同领域、不同角度去认识。责任无处不在，存在于生命中每一个岗位。父母养儿育女、儿女孝敬父母、老师教书育人、学生尊师好学、医生救死扶伤、军人保家卫国等，每个人都在承担并履行一定的责任。

2. 不同的范畴

责任可分为家庭责任、职业责任、社会责任、工作责任等。责任只有轻重之分，而无有无之别。责任是神圣的，它不以人的意志为转移。不履行道德责任，会受到道德的谴责和良心的拷问；不履行法定责任，会受到法律的追究和制度的惩处。

3. 责任和权利是对立的统一

没有无责任的权利，也没有无权利的责任。一个人的权利，往往是他的责任；一个人的责任，往往是他的权利。享受一定的权利，必须尽到相应的责任；尽到一定的责任，才能享有相应的权利。

社会在发展，责任的内涵也在不断发展，改革开放和现代化建设的伟大实践，赋予责任日益丰富的时代内容。

二、我们需要承担哪些责任

责任担当，就是承担并负起责任，是人们在需要的时候，毫不犹豫、责无旁贷地挺身而出，全力履行自己的义务，并在承担义务当中激发自己的全部能量，它是一种责任、一种自觉、一种境界、一种修养。

1. 作为一名公民，我们要承担公民的责任

我们要遵守法律法规，遵守社会秩序，例如保护环境、尊老爱幼、帮助他人等，要对社会尽责，成为有益于社会的人。

2. 作为家庭的一分子，我们要承担家庭成员的责任

在家里我们要孝敬父母，做一些力所能及的家务，让辛劳的父母感到欣慰。同时，我们也需要规划好自己的生活，不让父母担心。

3. 作为一名学生，我们要承担学生的责任

努力学习科学文化知识，不断提升自己的能力，尊敬师长，遵守校纪校规，使自己在德、智、体、美、劳等全面发展。

4. 作为职场的一员，我们要承担岗位责任

我们要努力工作，为企业解决问题，对企业忠诚，对自己负责，对企业负责，攻坚克难，完成自己或团队的工作任务，为企业创造效益，体现自己良好的职业素养。

三、有责任，勇担当

责任体现了一个人的心智、格局和胸怀，体现着一个人的使命和追求。责任担当是一个人职业素养的体现。

1. 责任心是做好工作、成就事业的前提

把工作做好是责任心的体现和最终落脚点，是员工立足岗位、奉献企业的重要素质和能力。

2. 勇于承担责任而非找借口推诿

人们在工作中难免会犯错，有些人面对错误千方百计地去掩盖，以为领导察觉不到，殊不知这是错上加错的行为。其实，错误是最好的学习机会，与其为自己的错误找理由，不如勇于承认，并设法改善。一名员工对待错误的态度，直接反映出他的职业素养和道德品行，敷衍塞责、推诿责任，会让人觉得他缺乏责任心，更缺乏诚意。

3. 担当多大的责任就有多大的成功

很多人常埋怨领导没有给自己机会，也总问别人机会在哪里。其实，很多时候，责任就是机会，一个人担当的责任越大，获得的成功就越大，得到的回报就越多。所以，当责任来临时，不应畏惧，而应勇敢担当。

4. 勇于担当，能够担当，敢于担当

勇于担当，就是要有强烈的责任意识。要在其位，谋其政，把高标准履职尽责作为基本要求，做到日常工作能尽责、难题面前敢负责、出现过失敢担责。

能够担当，就是要有担当重任的能力。勇于担当不是逞匹夫之勇，而是要有着眼大局的视野和创造性地解决问题的能力，如果水平跟不上，只会好心办坏事。要做到能够担当，就必须不断学习、不断实践、不断总结。

敢于担当，就是要有负责担当的底气。打铁还需自身硬，只有自己做得端、行得正，才有底气去做别人的工作。

四、职场人的“四重责任”①

人在职场，一般承担着“四重责任”。

1. 个人责任

任何个人都是一个责任主体，都承担着主体责任。履行责任，让一个人成为一个站立的人而不是躺平的人。具体来说，每个人都应确保本职工作按时完成，保质保量，不出纰漏，对组织负责，让领导放心，让服务对象满意。不管有没有人督促，不管有没有人鼓励，不管有没有人关注，都能够履职尽责，这是一个人高素质的体现。作为职场中人，更要善于在没有鼓励、只有压力的情况下工作，能扛事，能成事。履行好肩负的责任，遇到事情不推，遇到困难不躲，是一个人有担当的表现，也是一个人成大事的前提。

2. 协助责任

人在职场，就像一滴水融入了大海，彼此已经无法分割。每个人的工作，上下环环相扣，彼此职能交叉，需要做到分工配合。团队工作始终是分工不分家的，要秉持大局观、整体论、系统思维，在做好本职工作的同时，善于协助配合，成人之美，相互补位。一个人可以走得很快，一个团队可以走得很远。职业素养要求我们要有团队意识、集体荣誉感，不做独狼，不当看客，不当边缘人，始终有主人翁的意识，不用扬鞭自奋蹄，能与其他人包括自己不喜欢的人共事，锻炼胸中行船的大境界。

3. 管理责任

责任有看得见的，也有看不见的。既要履行好“看得见的责任”，更要履行好“看不见的责任”。如果你是业务主管、部门负责人，除了对本人工作担责外，对自己的团队、下属要承担管理责任：要经常督促、指导、调研岗位对应的工作，了解工作推进情况，了解工作成效、存在的问题及解决的对策；要通过通报、评查、检查、考核等手段，切实把自己管理责任承担起来。

4. 舆论责任

一个人的工作成效、业绩，最终的评价权在于上级、同事及服务对象。因此，每个人都承担着舆论责任，即维护好自己的形象，珍惜自己的声誉、口碑。可以说，每一个人都是自己所在单位和系统的形象大使、代言人，每个人的一言一行、一举一动，都代表着所在系统的形象。人人都是舆论生产力，人人都是正能量传播者。在工作中，要通过行之有效的规章制度管人管事，防止出现负面舆情，防止发生违法违纪行为，做到自

① 李立峰．职场人的“四重责任”［EB/OL］．(2022-01-21)［2022-06-17］．https://www.12371.gov.cn/Print.aspx?id=595583．有改编．

身正、自身净、自身硬。

五、培养职场责任心的措施

1. 有事不推诿

对工作认真负责，不为自己找借口。工作态度不是尽力而为，而是全力以赴，领导交办的任务坚决执行，同事求助的事情鼎力支持。全力以赴既是责任，也是态度和精神，它体现一个人的品质素养，是人的整体素质的集中表现。

2. 有苦不抱怨

人在职场闯荡，难免受挫折，受折腾，受委屈，但这都没关系，不怨天尤人，不责怪自己，眼泪擦干之后，一切可以重来，没有任何困难能够阻止事业前进的步伐。一个人即使本领再大，能力再强，倘若他在工作中处处抱怨，那么就很难取得好的结果。

3. 有责不推卸

水越洗越脏，事越说越乱。有的人在工作出现问题时，为了让领导“了解实情”，自己费尽口舌，作了一大堆解释，有推卸责任之嫌，结果得不偿失。责任感能激发自我潜能，每个人身上都藏着惊人的潜能，如果每个人都能把寻找借口的时间用来积极、主动、负责地工作，对工作高度自觉、高度负责，就能不断挖掘自身的潜力，就能拥有辉煌灿烂的明天。

4. 有难不计较

在一个公司里，大家虽然工作有分工，但总会有交叉的地方，责任心强的人不计较分内分外事，做到分工不分家，尽量配合同事做好工作。对领导临时交办的事，即使需要加班加点，也会尽全力完成，给领导一个满意的答案。

在职场里要时刻记住，我们应该将责任扛在肩上。责任虽然沉重，压垮的都是弱者，真正的强者都是在责任担当中不断锻炼，才逐渐成为强者的。

训练提升

课堂活动——感知责任

1. 活动目的

在一个团队活动中，感知自己的责任，做错事情时，能够主动承担责任。

2. 活动时间

根据具体人数调控时间。10 人小组的完成时间可控制在 8～10 分钟。

3. 活动规则

（1）学生相隔站成两排，老师喊“一”，学生向左跨一小步，老师喊“二”，学生向右转，老师喊“三”，学生向前一步，老师喊“四”，学生后退一步。

（2）当有人做错时，做错的人要走出队列，站到大家的面前，先鞠一躬，举起右手高声说：“对不起，我错了！”

（3）学生分享感受。

4. 活动启示

从游戏中你收获了什么？

（1）做错了，要敢于承认自己的错误。

为你们能勇于承认自己的错误点赞！

思考：假设在没有人发现的情况之下，你会主动承认错误吗？

（2）为什么会做错呢？

采访一下刚才做错的同学：为什么会做错？可能是因为没有听清楚要求，可能是因为没有记清规则。询问学生："你们觉得责任在谁？"引导学生发现责任在自己本身。

（3）采访一下班里的几位课代表：在每天收作业的时候，会有同学不交作业吗？他们通常以什么理由不交作业？

学生回答：忘记带了；没时间做；不知道作业是什么……

引导：这些同学，小而言之是习惯不好，大而言之就是缺乏责任心。责任心是我们漫长的人生道路上最宝贵的品质。

户外拓展——齐眉棍

1. 场地要求

空旷的、无阻碍的室外场地。

2. 活动道具

一根 2～3 米的轻质塑料棍或者直竹竿。

3. 活动时间

40 分钟。

4. 活动规则

（1）每组 6～8 名队员，让小组成员站成相对的两列或并排一列。将轻质塑料棍放在每个人的食指上，并抬高到自己眉毛的位置。

（2）注意：必须保证每个人的食指都接触到轻质塑料棍的下面，有一定的负重感。

（3）小组全体成员共同将轻质塑料棍完全水平地从眉毛的位置往下移动，直到膝盖位置。一旦有人的手离开轻质塑料棍或轻质塑料棍掉落，任务就算失败。

（4）在完成上述环节后，可提升游戏难度：从下往上移动，即从膝盖位置继续再往上提到眉毛的位置。在操作过程中，因为经历了上一轮的成功，参与者很容易放松，在完成这个环节时就容易失去节奏，甚至会忘记刚才成功的经验和规则，致使失败。

5. 活动启示

这个游戏看似简单，但要成功地完成非常不容易。在这个过程中，如果没有人主动站出来喊口号，指引大家把握一个节奏，很容易因个人的操作失误导致任务失败。因此在一个团队任务中，如果有人敢担当责任，勇敢地站出来，就更容易成功。

在团队中，每一个人都非常重要。只想着自己，不在乎别人的感受，是一种不负责任的行为。游戏也启发我们，能够担当责任、照顾别人的人是值得表扬和信任的。

课后延伸

有负责任的苦，才有尽责任的乐①

近代思想家梁启超曾提到，人世间最苦的事“莫苦于身上背着一种未了的责任”，有了责任，“便是现在的自己和将来的自己立了一种契约”“那良心便时时刻刻监督在后头”。而最乐的事是“自然责任完了”，如释重负。对于这个观点，他最终概括为：人生须知道有负责任的苦处，才能知道有尽责任的乐处。

曾国藩曾说：“天下事，在局外呐喊议论，总是无益，必须躬身入局、挺膺负责，乃有成事之可冀。”回顾我党我军历史，许多革命先辈总是勇于担当负责，原因就在于他们追求尽责中饱含的那份快乐。刘伯承“遍体弹痕余只眼，寿君高唱凯歌旋”，陈毅“取义成仁今日事，人间遍种自由花”，谭政“喜爱旌旗红似火，星星之火要燎原”……他们如此慷慨无畏，不惧苦累，并将尽责外化为一种乐观主义情怀，一种不怕牺牲的血性，一种敢打必胜的信念。这也是当前共产党员需要赓续传承的血脉基因，需要汲取的榜样力量。

负责尽责关键在于担当。习近平总书记反复强调，有权必有责，有责要担当，要求党员干部“勇于挑最重的担子，敢于啃最硬的骨头，善于接最烫的山芋”，自觉把责任扛在肩上，遇到矛盾和问题，敢于挺身而出、迎难而上，始终无私无畏、殚精竭虑，不因有风险而卸责，不以事难而怠责，这样就会“处处尽责任，便处处快乐；时时尽责任，便时时快乐”，干出一番无愧于党、无愧于人民的事业，真正担当起党和人民赋予的新时代使命任务。

为中国消防自豪，学习消防英雄的责任担当

2019 年，灾难剧情片《烈火英雄》上映，影片讲述了沿海油罐区发生火灾，消防队伍上下团结一致，誓死抵抗，以生命维护国家及人民财产安全的故事。当年，该片被教育部办公厅、中共中央宣传部推荐为中小学生观看影片。

消防员从事的是伟大的职业，他们保证了我们的生命财产安全；消防员从事的是危险的职业，火舌贪婪随时都可能吞噬他们的生命；消防员从事的是重要的职业，他们时时刻刻都准备着赶赴火场，解救危难中的人群。赴汤蹈火，保家卫国，铮铮铁骨尽显英雄本色。

他们是一群可爱的人。炎炎夏日里，他们顶着高温酷暑，身着厚重的防护服，第一时间在抢险救援的事故现场冲锋陷阵。天寒地冻时，他们紧握冰冷的水枪，在冰与火之间书写人生的壮美篇章。在我们阖家欢乐，尽享天伦之乐时，他们仍然工作在岗位上，默默无闻，保护着我们的安全。

---

① 王志国. 有负责任的苦，才有尽责任的乐［EB/OL］.（2018－01－02）［2022－06－18］. http://www.81.cn/jfjbmap/content/2018－01/02/content_195997.htm. 有改编.

他们是一群可敬的人。他们忙碌在水火之间，生活在半醒半眠中，生存在生死各半中。他们将生死置之度外，职责之所在，心之所在。山崩地裂之时，洪水泛滥之时，烈火疯狂之时，疫情肆虐之时，是我们的消防员一直在逆行。

岁月静好，是因为有人替我们负重前行，阳光普照，是因为有人在尽忠职守。

每年的 11 月 9 日是全国消防日，让我们为中国消防自豪，向消防英雄致敬！是他们扛起保护国家财产安全的重任，担当起保民平安为民造福的神圣职责。

对工作负责就是对自己负责

假如某天，领导让你负责一个陌生的项目，比如组织一场年度晚会、独自接待一个客户，千万不要以自己“没经验”“没做好准备”这种理由拒绝。机会一旦错过，就再也不属于你了。

如果你所在的团队任务失败，你会不会勇于承担自己那一份责任？虽然可能会受到降职、减薪的惩罚，但你一定要去承担自己应该承担的责任，这是一种有担当的表现。

曾经有一道“职场年轻人最难忍受什么”的问卷调查题目，结果显示：“同事不负责任及推卸责任”和“上司言行不一”位居前两位。其中 92.9%的受访者认为职场最难忍受的事是同事不负责任及推卸责任。推卸责任的目的无非就是使自己的利益不受损失，通俗一点来说就是“甩锅”。网络上将这种推卸责任的员工归结为“鸡肋型”员工。

有这样一个案例：一家单位要与客户签订合同，合同草稿已经由老板修改好，交给办公室的小李负责整理打印。结果，在签订合同时，发现合同有的地方并没有按老板的意思修改好，差点失去一宗生意。事后老板生气地询问小李，小李却辩解说：“这真的不赖我，我是整理好以后交给打字员小王打印的。”一旁的小王吓了一跳，不停地道歉说是自己打印失误，愿意接受责罚。在大家以为小王难逃一劫时，小李却被调离了办公室岗位。老板说：我是直接交代小李办这个事的，他有校对的责任，但他不敢承担责任，这种人怎么可能办成大事？

勇于承担责任的人，最终会在职场中得到更多信任和尊重。遇事不逃避，积极应对，这样的人能让人放心。经验是积累出来的，工作不怕失误，才能不断有收获和进步。我们不赞成什么事都揽在自己身上，那样没有工作效率，但应该自己做的事，要主动承接，多多锻炼。初入职场的年轻人，不要因为自己的努力没有即刻得到回报而失去耐心，也不要被他人的消极情绪所影响。

我的职业素养心得

这节课，我收获了____

____

____

____

____

本章练习

一、选择题

1. “不以规矩，不能成方圆”“罪孽本自微末始，陷身囹圄悔方迟”“小洞不补，大洞吃苦”“法网恢恢，疏而不漏”，这些话蕴含的道理有（　　）。

①在社会生活中人们必须遵守规则

②要重视道德修养，增强守法观念，防微杜渐

③有错不改，就可能走上违法道路

④任何违法行为都要承担民事责任

A.①②③④　　B. ①②③　　C. ①③④　　D. ②③④

2. 参加任何考试的考生都要遵守考试规则，服从监考老师的监督。服从监考老师监督的规定对考生来说属于（　　）。

A. 自律　　B. 他律　　C. 自由　　D. 残酷

3. 网约车是社会发展的产物，网约车管理规定的出台告诉我们（　　）。

A. 规则一旦制定，就是一成不变的

B. 任何规则都需要不断地调整和完善

C. 原有的规则失去了存在的合理性需要修改

D. 随着社会的变迁，原来没有的规则需要制定

4. 在十字路口，尽管人多车杂，可由于行人车辆各行其道，红灯停绿灯行，穿梭有序，结果是有条不紊，道路畅通无阻。这一现象告诉我们（　　）。

A. 在公共生活中，人们要讲道德

B. 社会生活需要有共同规则

C. 在公共生活中，不守规则，会受到法律的制裁

D. 在公共生活中，人们遇事要谦逊和宽容

5. 教育理论中提到“自由与规则”时，认为：“自由与纪律是内在紧密相连的。没有纪律，谈不上自由；没有自由，纪律也无法实现。”下列说法正确的是（　　）。

①自由不是随心所欲，必要限制是对自由的保护

②规则限制了自由，突破规则是享受自由的前提

③自由是相对的，享受自由不能损害他人的自由和权利

④自由与法治相互依存，有边界才有秩序，守底线才享自由

A.①②③　　B. ①②④　　C. ①③④　　D. ②③④

6. 一个人如果不讲诚信，就无法立身处世。诚实守信要求我们（　　）。

A. 坚持实事求是

B. 在情与法的冲突中，要站在人情的一边

C. 在涉及利益冲突时，要站在少数人的利益一边

D. 可以随心所欲地去做事情

7. 稳定可靠的（　　）是市场经济有效运行的重要基础。

A. 个人信用体系　　B. 企业信用体系

C. 社会信用体系　　D. 市场秩序

8. 从现实情况看，（　　）是当前诚信缺失现象较为严重的直接原因。

A. 失信成本偏低　　B. 信用制度不健全

C. 法制不健全　　D. 企业领导不重视

9. “言而无信，不知其可也”出自下列哪位思想家？（　　）

A. 孔子　　B. 老子　　C. 王充　　D. 孟子

10. 在诚信具有的特征中，不包括（　　）。

A. 普遍性　　B. 规则性　　C. 自觉性　　D. 不确定性

11. 周恩来在少年时代立志“为中华之崛起而读书”；鲁迅青年时曾三次修改自己的志愿。他们这样做说明了（　　）。

A. 国家兴亡，匹夫有责　　B. 他们只是为了实现自己的人生目标

C. 人心齐，泰山移　　D. 他们自觉地服从集体的安排

12. 我们在社会中生活，扮演着不同的角色，承担着不同的责任。下列角色属于没有尽到责任的是（　　）。

A. 子女：孝敬父母，理解父母　　B. 学生：遵守校纪，努力学习

C. 朋友：见风使舵，趋利避害　　D. 公民：依法律己，维护正义

13. 事不避难，勇于担当。作为一个负责任的大国，中国（　　）。

①努力提高自身在国际上的影响力、感召力和塑造力

②致力于成为世界和平的建设者、全球发展的贡献者、国际秩序的维护者

③努力建设和治理好我们共同的家园

④让全世界所有的人摆脱贫困

A.①②③　　B. ①②④　　C. ①③④　　D. ②③④

14. 下列说法错误的是（　　）。

A. 有行为就有责任，每个人都要对自己的行为负责

B. 要养成负责任的习惯

C. 只有对自己、对他人负责才能承担起社会进步的责任

D. 自己对自己负责是自负的表现

15. “我们认为，只要是对全人类有益的事情，中国就应该义不容辞地做，并且做好。”习近平总书记的郑重承诺体现了（　　）。

A. 中国智慧　　B. 中国担当　　C. 中国方案　　D. 中国力量

二、判断题

1. 遵守规则是人类社会生活能够正常进行的前提和保证。（　　）

2. 驾驶摩托车的李某将正常骑行回家的中学生王某撞伤。王某家人因医药费支付问

题，认为是李某撞人有错在先，所以盛怒之下将李某打伤。王某家人的行为是不对的。（　　）

3. 依法签订的劳动合同具有法律约束力，双方当事人必须严格遵守，切实履行。（　　）

4. 员工与公司自签订正式劳动合同后，公司即为其办理相应社会保险和住房公积金。（　　）

5. 公司会议参会人员应严守会议时间并准时到会，未经会议组织者批准不得擅自缺席会议。（　　）

6. 很多企业对求职者的要求已经形成“人品＞能力”的共识。（　　）

7. 诚信是一种面对全体公民的普遍的道德要求，是每个公民都要遵循的基本的道德义务。（　　）

8. 诚实守信可以不注重小事的承诺。（　　）

9. 团队业绩的体现，离不开队员之间的信任度，换位思考，责任与信任是相互的。（　　）

10. 诚信赢市场，服务创价值。（　　）

11. 无论我们所处的环境和场所有什么不同，我们的角色和责任始终是不变的。（　　）

12. 有了承诺就有了责任，要想方设法承担责任。（　　）

13. “面对世界政治经济格局的深刻变化，中国将始终站在和平稳定一边，站在公道正义一边，做世界和平的建设者、全球发展的贡献者、国际秩序的维护者。”这体现着中国的大国担当。（　　）

14. 学生的责任是学习，除此之外没有其他责任。（　　）

15. 在工作中承担责任，不会给自己带来好处。（　　）

三、综合题

1. 小华是在校大学生，课余为餐馆洗盘子以赚取学费。餐馆规定盘子必须用水冲洗七遍。洗盘子的工作是按件计酬的，小华计上心头，洗盘子时少洗一两遍。果然，劳动效益便大大提高，工钱自然也迅速增加。

一起洗盘子的同学向他请教技巧。他毫不隐讳，说：“你看，洗了七遍的盘子和洗了五遍的盘子有什么区别？少洗一两次嘛。”提问的同学不置可否，却与他渐渐疏远了。

餐馆老板偶尔抽查盘子的清洗情况。一次抽查中，老板用专用的试纸测出盘子的清洗程度不够，责问小华时，他振振有词：“洗五遍和洗七遍不是一样能保持盘子的清洁吗？”

老板只是淡淡地说：“你是一个不诚实的人，请你离开。”

为了生计，小华又到其他餐馆应聘洗盘子，再也没有老板用他了。

问题：

（1）请从规矩的角度谈谈你对小华行为的认识和看法。

（2）作为学生的我们，在今后的职场中应该如何严守规矩？

2. 李焕因为有事，请求第二天和同事王书轮休。王书答应了。谁知第二天下起了暴雨，当王书全身湿透地来到办公室，却发现李焕也在。王书惊讶地问李焕："你今天不是跟我轮休吗？"李焕却说："今天下暴雨，我要做的事情取消了，所以赶到公司来想请你回去，不轮休了！"王书一听就生气了，心里想："这算什么事？你要过来至少得提前给我打个电话嘛，害得我冒着大雨赶过来。另外我把下个休息日的活动都安排好了，这下倒好，还要取消，李焕这个人还真是不靠谱！"虽然心里这么想，但他并没有说出来，只是想着以后少给这个人办事。

几个其他部门值班的同事看到王书这么讲信用，都很欣赏他，而对李焕的行为，都很反感，以后与李焕合作办事时，大家都留了一个心眼。

问题：对于文中李焕职场失信的行为，请问你有什么看法？请予以阐述。

第四章

修炼职业行为

第一节 团队合作
——提升团队合作，让职场 1 + 1 > 2

目标导读

知识目标： 引导学生认识团队概念、构成要素、优秀团队特征、团队建设阶段。

能力目标： 学会从团队建设的核心要素出发，掌握有效合作的方法和能力。

素养目标： 树立团队合作意识，养成团队合作习惯，在社会主义建设事业中发挥团队力量，实现人生价值。

自我职业素养探索

测测你在团队中的角色①

对下列问题的回答，在不同程度上描绘了你在团队中的角色。

每题有 8 个选项，请根据自己的实际情况，将 10 分分配给 8 个选项。最符合自己行为的选项分配最高分，以此类推。你甚至可以把 10 分全部分配给其中的某一个选项。请根据你的实际情况把分数填入分值表中。

1. 我认为我能为团队作出的贡献是：

A. 我通常能意识到什么是现实的，什么是假设的。

B. 我的能力在于，一旦发现某些对实现集体目标很有价值的人，我就及时把他推荐出来。

C. 如果最终能带来有益的结果，我愿面对暂时的冷遇。

D. 我生来就爱出主意。

E. 我能很快地发现并把握住新的机遇。

F. 在选择行动方案时，我能不带倾向性，也不带偏见地提出一个合理的替代方案。

G. 我能与各种类型的人一起合作共事。

H. 我能把事情办成，这主要靠我个人的实力。

2. 在团队中，我可能有的弱点是：

A. 我会因为没有组织、控制和主持好会议而感到不愉快。

---

① 贝尔宾团队角色测试表以及详细解析［EB/OL］.（2021－04－03）［2023－02－20］. https://max.book118.com/html/2021/0402/5333332042003211.shtm. 有改编.

B. 我容易对那些有高见而又没有适当地发表出来的人表现得过于宽容。
C. 在一定要把事情办成的情况下，我有时使人感到特别强硬甚至专断。
D. 我容易陷入突发的想象之中，而忘了正在进行的事情。
E. 只要集体在讨论新的观点，我总是说得太多。
F. 我的客观看法，使我很难与同事们打成一片。
G. 可能由于我过分重视集体的气氛，我发现自己很难与众不同。
H. 我的同事认为我过分注意细节，总有不必要的担心，怕把事情搞糟。

3. 当我与其他人共同进行一项工作时：
A. 我能把最基本的工作组织得井井有条。
B. 我能够在不施加任何压力的情况下去影响他人。
C. 为确保会议不浪费时间或跑题，我愿意施加压力来调整。
D. 我擅长提出独到的见解。
E. 我热衷寻求最新的思想和新的发展。
F. 我相信我的判断能力有助于作出正确的决策。
G. 我非常支持那些与大家的共同利益有关的建议。
H. 我时刻注意让自己避免粗心。

4. 我在工作团队中的特征是：
A. 我希望更多地了解我的同事。
B. 我经常向别人的见解进行挑战或坚持自己的意见。
C. 在辩论中，我通常能找到论据去推翻那些不甚有理的主张。
D. 我认为，只要计划必须开始执行，我有推动工作运转的才能。
E. 我有意避免使自己太突出或出人意料。
F. 对承担的任何工作，我都能做到尽善尽美。
G. 我乐于与工作团队以外的人进行联系。
H. 尽管我对所有的观点都感兴趣，但这并不影响我在必要的时候下决心。

5. 在工作中，我得到满足，因为：
A. 我对寻找解决问题的可行方案感兴趣。
B. 我能使人们在某项必要的行动上达成一致意见。
C. 我能对决策有强烈的影响。
D. 我很高兴能找到一块可以发挥我想象力的天地。
E. 我能适应那些有新意的人。
F. 我喜欢分析情况，权衡所有可能的选择。
G. 我感到，我在促进良好的工作关系。
H. 我感到我的身上有一种能使我全身心地投入到工作中去的气质。

6. 如果突然给我一件困难的工作，而且时间有限，人员不熟：
A. 尽管困难重重，我也能保证目标始终如一。
B. 我会设想通过用人所长的方法来减轻工作负担。
C. 如果集体工作没有进展，我会采取积极措施去加以推动。

D. 在有新方案之前，我宁愿先躲进角落，拟订出一种解脱困境的方案。

E. 我愿意展开广泛的讨论，意在激发新思想，推动工作。

F. 我认为我能保持头脑冷静，富有条理地思考问题。

G. 我比较愿意与那些表现出积极态度的人一道工作。

H. 我天生的紧迫感，将有助于我们不会落在计划后面。

7. 对于那些在团队工作中或与周围人共事时所遇到的问题：

A. 如果目标不明确，让我起步是很困难的。

B. 对于那些我不能做的事，我有意识地求助于他人。

C. 我很容易对那些阻碍前进的人表现出不耐烦。

D. 对于我遇到的复杂问题，我有时不善于加以解释和澄清。

E. 我常常容易产生厌烦感，需要一两个有激情的人使我振作起来。

F. 别人可能批评我太重分析而缺少直觉。

G. 当我与他人观点相左时，我没有把握让对方理解我的观点。

H. 我希望能做好工作，能推动工作的持续进展。

把各部分得分填入表 4－1 后，加总得到自己的分数分布。根据分值，在表 4－2 中找到对应的团队角色倾向。

表 4－1 分值表

题号		IMP		CO		SH		PL		RI		ME		TW		FI
1	A		B		C		D		E		F		G		H	
2	A		B		C		D		E		F		G		H	
3	A		B		C		D		E		F		G		H	
4	A		B		C		D		E		F		G		H	
5	A		B		C		D		E		F		G		H	
6	A		B		C		D		E		F		G		H	
7	A		B		C		D		E		F		G		H	
总计																

表 4－2 团队角色倾向

角色倾向	典型特征	积极特性	存在的不足	在团队中的作用
鞭策者（SH）	思维敏捷、坦荡、主动探索	积极、主动，有干劲，有紧迫感，视成功为目标，追求高效率	好激起争端，爱冲动，易急躁，容易给别人压力，说话太直接，经常伤人而不自知	寻找和发现团队讨论中可能的方案，使团队内的任务和目标成形，推动团队达成一致意见，并朝向决策行动
执行者（IMP）	保守、顺从、务实、可靠	有组织能力、有实践经验、工作勤奋、有自我约束力	缺乏灵活性、应变能力弱、对没有把握的主意不感兴趣	把谈话与建议转换为实际步骤，考虑什么是行得通的，什么是行不通的，整理建议，使之与已经取得一致意见的计划和已有的系统相配合，实干家就是好的执行者，能够可靠地执行一个既定的计划，但却未必擅长制订一个新的计划

续表

角色倾向	典型特征	积极特性	存在的不足	在团队中的作用
完成者（FI）	勤奋有序、认真、有紧迫感	理想主义者、追求完美、持之以恒	常常拘泥于细节、焦虑感、不洒脱	强调任务的目标要求和活动日程表，在方案中寻找并指出错误、遗漏和被忽视的内容，刺激其他人参加活动，并促使团队成员产生时间紧迫的感觉
外交家（RI）	性格外向、开朗、热情、好奇心强、联系广泛、信息敏感者	有广泛联系人的能力、不断探索新的事物、勇于迎接新的挑战	见异思迁，兴趣转移快	提出建议并引入外部信息，接触持有其他观点的个体或群体，参加磋商性质的活动
协调者（CO）	沉着、自信、有控制局面的能力	对各种有价值的意见不带偏见地兼容并蓄，看问题比较客观	在智能以及创造力方面并非超常	时刻想着团队的大目标，明确团队的目标和方向；选择需要决策的问题，并明确它们的先后顺序；帮助确定团队中的角色分工、责任和工作界限；总结团队的感受和成就，综合团队的建议
凝聚者（TW）	擅长人际交往、温和、敏感、人际关系敏感者	有适应周围环境以及人的能力，能促进团队的合作，倾听能力强	在危急时刻往往优柔寡断，一般很中庸	给予他人支持并帮助别人，打破讨论中的沉默，采取行动扭转或克服团队中的分歧
智多星（PL）	有个性、思想深刻、不拘一格	才华横溢、富有想象力、智慧、知识面广	高高在上、不重细节、不拘礼仪	提供建议，提出批评并有助于引出相反意见
审议员（ME）	清醒、理智、谨慎	判断力强、分辨力强、讲求实际	缺乏鼓动和激发他人的能力，也不容易被别人鼓动和激发，缺乏想象力，缺乏热情	分析问题和情景，对繁杂的材料予以简化并澄清模糊不清的问题，对他人的判断和作用作出评价；靠着其强大的分析判断能力，敢于直言不讳地提出和坚持异议

前车之鉴

最近，导师让李凯组织班上几名同学做一个称作“零售企业员工职业倦怠预防与应对机制”的人力资源管理项目。李凯由于没有制订项目计划，因此对于项目的关注时间和其他同学不一致。李凯做准备工作时，别人忙自己的事，等他们都来做时，李凯手里有了其他任务。由于前期工作没有明确分工，导致团队成员的工作也有了重复。如果做好计划和分工，这些事是较容易协调的，问题是最初团队没做好协调工作，导致后来工作中问题不断。

导师经过一段时间的观察，发现李凯的团队管理能力不强，又增加了另一位队员作为立项负责人。等到项目开展时，李凯觉得他是最初的组织者，队员该听他的安排，新的立项负责人也觉得自己才是负责人，队员该听他的。在这种氛围下，其他同学都不知道到底该听谁的安排去工作。最后，在调查别人的“职业倦怠”之前，队伍内部就产生了工作倦怠。李凯团队的项目因为各种团队合作问题以失败告终。

【案例点拨】 李凯的团队在合作上存在什么问题呢？首先，不是由工作需求引起的团队建设，人多了会阻碍工作的进展。其次，该项目没有一个明确的负责人，缺乏明确的分工，缺少必要的工作计划。再次，该项目缺乏团队管理的意识。最后，该项目缺乏项目干系人管理，没有通过沟通来解决问题。

素养感知

“有他们在，我们安心”——走近航天员背后的团队①

2021 年 8 月 20 日，神舟十二号航天员乘组第二次出舱活动圆满完成。在这背后，有一群默默奉献的航天人，在地面陪伴和守护着航天员。

航天员教员团队：提前“吃螃蟹”备预案

航天员教员是第一个“吃螃蟹”的人。航天员顾虑的，他们必须先想到；航天员做到的，他们必须先做到。

从 2017 年开始，赵阳就承担起了航天员空间站出舱活动模拟训练的任务。随着任务临近，他天天泡在水槽里，每天按照出舱 6 小时的标准，与航天员一起训练。为了尽可能模拟外太空环境，赵阳严格设计训练场景，分解动作，细化姿态，帮助航天员迅速、安全地找到返路。

环控生保团队：打造适宜的生存环境

在密闭狭小的空间站舱内制造一个长时间稳定运行且可循环的生命保障系统，难度可想而知。中国航天员中心环控生保室在 2011 年受领了这个艰巨的任务，从论证到初样研制再到正样，做了数千次试验，直到装置满足寿命、可靠性和稳定性等要求，前后花了近 10 年时间。

航天服研究团队：保证“飞天战袍”安全可靠

空间站任务中航天员要长时间在舱外操作，对舱外服性能提出的要求更高。装配一套舱外服需要将近 4 个月的时间。

舱外服上的头盔面窗由中国航天员中心研装部服装车间生产。为做到绝对安全可靠，承压材料要经过多轮选择、测试，有除尘、黏胶、缝合、密封等 47 道工序，需要花费两个月时间完成。

飞控团队：昼夜守护

出舱活动的背后，各参试单位和人员倾尽全力，从未停歇。近两个多月，北京航天飞行控制中心实施 24 小时不间断跟踪测控。针对应急和异常问题，中心组织各系统配合开展空间站运控气象保障，及时发布天气预报信息，实施测控网调整，处置各类异常情况，确保航天员与航天器的安全。

---

① 章文，占康，宋星光．“有他们在，我们安心”——走近航天员背后的团队［EB/OL］．（2021－08－21）［2023－03－10］．https://stdaily.com/index/kejixinwen/2021－08/21/content_1214501.shtml．有改编．

航天员们说："有他们在，我们安心。"

西游团队：团队合作的典范①

西游团队虽是一个神话故事中的虚拟团队，但却是很多经典管理著作引用的优秀团队，因为这是一个互补促进的团队。

唐僧是团队中的领导者，他内心极其坚定，是西天取经团队的灵魂人物。但他性格偏内向，不善于与人交流和沟通。

孙悟空是团队的骨干和实干家，属于力量型性格，性格偏外向，绩效是整个团队最高的。

猪八戒是团队的润滑剂，属于活泼性格，外向偏感性，是一个不坚定的执行者，缺乏自律性。

沙僧在团队中处于辅助的地位，属于和平型性格，内向偏感性，不喜欢冒险和突然的改变。他忠于职守，对分内的工作能够不打折扣执行，从不抱怨和推卸责任。

整个西游团队，四个人相互配合，缺少任何人都会使团队配合度存在缺陷。

缺少唐僧整个团队将失去灵魂和依托，没有孙悟空整个团队就不能前进一步，没有猪八戒团队会死气沉沉，没有沙僧团队就缺少后勤保障。

这四种性格组合后，能够提升团队的成功率，根据性格特点进行管理可以事半功倍。

知识链接

一、团队的概念与构成要素

1. 团队的概念

团队是由基层执行人员与管理层人员组成的、利用成员自身技能与知识合作处理遇到的问题、为达成共同目标而努力的共同体。团队为了一个共同的目标相互合作奋斗的过程就是团队合作。

2. 团队的构成要素②

团队的构成要素有：目标、成员、定位、权限、计划，简称 5P。

（1）目标（Purpose），是团队的凝聚力。团队要有一个团队成员认可的既定目标，为团队成员的合作奋斗导航。没有目标的团队，就没有存在的价值，只有共同的愿景才能使团队成员明确自己的角色与任务。因此，要树立明确的目标并贯彻整个团队管理的始终。

（2）成员（People），是团队的核心力量。3 个及以上的人就可以构成团队，人是团

---

① 中国历史上有哪些团队合作的典范［EB/OL］.（2021-12-17）［2022-11-10］. https://www.zhihu.com/question/452679778. 有改编.

② 暖忆江南. 团队的五个重要构成要素是什么［EB/OL］.（2019-12-30）［2022-11-10］. https://zhidao.baidu.com/question/815268257920172692.html. 有改编.

队最核心的力量，目标的实现要通过人员的执行。所以团队人员的选择尤为重要，要考虑人员的能力素质、技能互补等因素。

(3) 定位 (Place)，是团队的基础框架。团队的定位包含团队的整体定位和团队的个体定位。整体定位是要明确团队的类型、团队的任务、团队的隶属等。个体定位是指团队成员准确定位所对应的工作，继而组成一个有结构、有层次的团队。

(4) 权限 (Power)，是团队的责任与担当。权限是指团队负有的职责和相应享有的权利。团队要明确不同岗位的管理职责及相应的管理权限，管理职责与管理权限要对等。责任、权利、利益合理配置，能提高整个团队的工作积极性及主动性。

(5) 计划 (Plan)，是团队的行动指引。要实现团队的目标，管理者需要制订一系列具体可行的行动方案，团队按具体可行的行动方案按部就班地实施，才会一步一步接近目标，从而最终实现目标。

团队构成的五个要素缺一不可，缺少任何一个要素都不能称之为“团队”。

二、优秀团队的特征①

1. 管理有力，授权清晰

凡是优秀的团队，必然有一个优秀的管理者来领导团队的工作。优秀的管理者不仅要有敬业精神和奉献精神，还要有高度的责任感和使命感，能综合运用各种资源，带领成员完成整个团队目标。但不管多能干的领导者，也不可能包揽全部工作，要通过清晰授权，极大地激发团队成员的积极性和主人翁精神，进而更好地做好本职工作。

2. 目标明确，价值观相同

凡是优秀的团队，一定有清晰的、明确的、大家认可的目标。目标既已明确，也深入人心，也有实现的可能，那么团队就能确保有共同的价值观、共同的信仰、共同的标准、共同的认知，那么目标的达成便指日可待。

3. 资源共享，不断成长

凡是优秀的团队，一定有共享资源的思维和行动模式。资源共享，资源就能被高效运用，他人智慧被快速借鉴，团队才能不断吸纳各种营养，不断进行空间交互，不断提高高度和深度，不断提升规模和数量，才能造就不断成长壮大的优秀团队。

4. 角色互补，不养闲人

凡是优秀的团队，团队内部都是角色互补、能力互补。优秀的团队离不开管理者、监督者、协调者、挑战者、实干者、分析者、创新者、完善者。优秀的团队没有闲人，每个人都是团队的建设者，每个人都是团队的贡献者，每个人都是团队的创造者，团队才会更有活力感和公平感。

5. 归属感强，充满激情

想要获得较强的归属感，需要多方面长期努力，一旦大家对团队有了归属感，就会

① 马梓开. 优秀团队，必然具备这15个特征：你的团队缺少哪一项呢？[EB/OL]. (2021-11-17) [2022-11-12]. https://baijiahao.baidu.com/s?id=1716674544568110226&wfr=spider&for=pc. 有改编.

产生凝聚力，有了凝聚力，自然就有了更好的奉献精神和奋斗情怀。充满激情的团队，才能释放出更大能量。真正的激情是一种对于信念的持久坚持，是对于工作热情的持久坚持，是对于工作投入的持久坚持。

6. 角色准确，相互信任

在优秀的团队中，成员有准确的个人角色、清晰的职责界定、清楚的分工机制、清晰的相互协作流程。成员间相互信任、相互尊重，在情感互通互动的基础上，才会有团队的协作与配合，才会有成为高效团队的可能。

7. 开放透明，沟通到位

优秀的团队，必然是开放和透明的。开放，大家才能说真话，才能表达个人的真情实感。透明，降低沟通成本，沟通才到位。沟通到位，授权执行过程才顺畅，执行才有力，信息传达才到位进而提高团队管理效率，促进团队内部和谐。

三、影响团队合作的因素①

要想加强团队合作，先要弄清楚影响团队合作的因素，才能对症下药，搞好团队建设。

1. 缺乏信任

团队协作的第一大障碍是团队成员之间缺乏信任，该问题源于团队成员大都害怕成为别人攻击的对象。大家不愿意相互敞开心扉，承认自己的缺点和弱项，从而导致无法建立相互信任的基础。

2. 惧怕冲突

无法建立相互信任的危害极大，因为它为第二大障碍——惧怕冲突奠定了基础。缺乏信任的团队无法产生直接而激烈的思想交锋，取而代之的是毫无针对性的讨论以及无关痛痒的意见。

3. 欠缺投入

缺乏必要的争论之所以成为不利的问题，是因为它必然致使团队协作面临第三大障碍：欠缺投入。团队成员如果不能切实投入，在热烈、公开的辩论中表达自己的意见，他们即使表面上在会议中达成一致，也很少能够真正统一意见，作出决策。

4. 逃避责任

因为投入不够，且实际上并没有达成共识，团队成员就会逃避责任，这就是影响团队合作的第四大障碍。由于没有在计划或行动上真正达成一致，因此即使最认真负责的人在发现同事的行为有损集体利益的时候，也会犹豫不决而不予以指出。

5. 无视结果

如果团队成员不能相互负责、督促，影响团队合作的第五大障碍就有了赖以滋生的土壤。当团队成员把个人利益放在整个团队的共同利益之上时，就导致了无视结果。

如上所述，只要这五大障碍中有一项发生，整个团队就要深受其害了。

---

① 帕特里克·兰西奥尼. 团队协作的五大障碍. 北京：中信出版社，2010. 有改编.

四、团队建设的核心要素①

俗话说："万事开头难。"怎么从零开始建设一支团队呢？我们要深入分析团队建设的核心要素。

1. 灵魂人物

团队要有灵魂人物，由其招募、筛选团队其他成员。例如，建设西天取经团队，最核心的是要找到一个愿意远赴西天取经的和尚，有取经信念坚定的灵魂人物——唐僧为旗帜，才有各方的支持和援助，才有几个徒弟的加入。有取经信念的人只有唐僧，没有唐僧，取经团队就不复存在了。

2. 共同愿景

团队要树立远大的共同愿景和清晰的短期目标，帮助团队统一思想。

共同愿景是团队发展成功的目标、任务，通过努力是可以实现的，全体成员共同发自内心的愿望或意愿，能够使团队成员紧紧地连在一起，形成一种巨大的凝聚力。

如：西天取经团队中，西天取经的利益方向是一致的，但内容各不相同。孙悟空开始是为了兑现承诺，后来是为了摆脱紧箍咒，猪八戒和沙僧是为了赎罪，重获自由。

建设团队，灵魂人物要把自己的使命、梦想和团队成员的利益融合，为团队树立远大的共同愿景，让团队成员看到清晰的短期利益，这样才能统一思想形成凝聚力，朝着目标共同努力。

3. 核心规则

一个团队必须有它的规则，规则是告诉团队成员该做什么，不该做什么。不能做什么是团队行事的底线。建立规则，让团队行动统一有序，使整个流程合理衔接，使每个环节环环紧扣，使一切都按照规则自动运转。

4. 管理体系

团队建设要建立管理体系，包括制度、流程、标准、机制等。管理体系的内容很多，管理体系要逐步建立，不是一步到位。

建设前期的建设重点是以结果为导向的制度、流程，便于快速开展业务；建设中期的建设重点是以效率为导向的标准、机制，便于向内部要效率；建设后期的建设重点是细节、绩效和质量，便于以质量取胜。

5. 团队文化

团队建设要建设高效、凝聚、独特的团队文化，让团队有灵魂，有执行力。团队文化是以灵魂人物为核心，逐步建立起来的团队精神。建设高效、凝聚、独特的团队文化，

① 团队建设五大核心要素，灵魂人物是核心，其他的会纷至沓来［EB/OL］.（2020-12-24）[2022-06-10]. https://www.sohu.com/a/440167400_120068029. 有改编.

才能让团队有灵魂和执行力！

团队建设的五个核心要素看似繁杂、庞大，但实际上只要团队的灵魂人物就位，就能随着团队建设的进程加入更多的人才，承担起其他要素的建设工作。

五、团队建设的五个阶段[①]

每个团队建设都会经历五个阶段。

1. 形成阶段

在这一阶段，团队成员相互独立，缺乏有效的沟通，工作目标不清晰，工作职责与标准不明确，工作流程不顺畅，角色定位不明确。激动、困惑、矜持、观望是这个阶段的主要特征。

这个阶段最重要的工作是让团队成员明确了解团队的目标，确保团队成员间建立起一种互信的工作关系，提出共同愿景并达成共识，以激励团队成员。

2. 震荡阶段

经过形成阶段后，团队获得发展信心，但也形成了各种观念激烈碰撞的局面，人际冲突与分化也随之出现。团队成员间、团队和环境间、新旧观念间的矛盾也显现，甚至负责人的权威也受到挑战。

作为团队负责人，这个阶段的首要工作是安抚人心，处理矛盾冲突，鼓励发表看法，做好引导工作，化解矛盾，不能置之不理或以权力压制；同时要建立工作规范，营造积极向上的工作环境。

3. 规范阶段

经过一定时间的磨合，团队成员间的矛盾基本解决，团队成员开始建立起互谅互让的关系，开始关心目标与任务，关注彼此的合作和团队的发展，有意识地解决问题，实现组织和谐，逐渐适应环境和各种规范的要求。

这时最大的危险是成员怕引发矛盾而不敢表达意见。这时团队负责人要注重建设团队文化和氛围，通过建立沟通渠道、压担子选拔、制定奖惩制度等来激发团队成员的工作激情、责任心与相互信任度，使他们的行为标准和工作任务紧密地结合起来。

4. 执行阶段

这一阶段团队呈开放、坦诚、及时沟通的状态，能够用多种技巧协力解决各种问题，用规范化的管理制度与标准工作流程进行沟通、化解冲突、分配资源，团队成员自由而建设性地分享观点与信息，有一种完成任务的使命感和荣誉感。

对于执行阶段的高绩效团队，团队负责人要做好定位，做好授权，及时根据业务运营情况审视工作流程、方法，推动经验与技术的交流，营造高绩效的组织文化——集中团队的智慧作出高效决策，通过成员的集体努力追求团队绩效。

---

① 塔尔曼团队发展阶段及特征简述［EB/OL］．［2022－06－10］．https://wenku.baidu.com/view/e2cc60b780d049649b6648d7c1c708a1294a0a5e.html．有改编．

5. 调整阶段

任何团队完成了自身的目标后，就进入调整期。调整期面临三种情况：解散、组建新团队、团队表现欠佳被勒令整顿。项目性质的团队，一般在项目工作完成后，团队会解散，或组建新的团队。常规团队在企业发展到一定阶段，可能根据业务需要撤销、调整或重组。

团队建设的每个阶段按顺序依次出现，每个阶段工作绩效和团队精神都不同，团队建设要分析团队所处发展阶段，了解发展阶段特点及规律，采用恰当的领导方式，减少团队内耗，降低发展成本，提高团队绩效。

训练提升

课堂活动——解手链

1. 活动时间

20 分钟，根据学生人数的多少可调整。

2. 活动规则

（1）每组 10（偶数）人，站成一个肩并肩的面向圆心的闭合圆圈。

（2）每人举起右手，去握住不相邻的人的右手；举起左手，握住另一个不相邻的人的左手。

（3）音乐响起，小组成员随意走动。音乐停止时，小组成员也停下来，形成手链网。

（4）小组成员在不松开手的情况下，想办法把这张手链网解开。

（5）学生分享感受。

3. 活动启示

明白解决团队问题的步骤，明白聆听、领导者、配合、执行力在团队合作中的重要性。一个团队，如果有着明确的目标，有着统一的号令者，有着不达目标誓不罢休的决心和行动，有着团结一致的信念和行动，那么这就是一个优秀的团队。

户外拓展——坐地起立

1. 场地要求

空旷的、无阻碍的室外场地。

2. 活动道具

1 个计时器。

3. 活动时间

30 分钟。

4. 活动规则

（1）要求每队先出两个人组成一组，背对背手挽手坐在地上，双腿并拢并伸直，游戏预备号令发出后做屈腿动作准备起身。

(2) 游戏开始计时后，相邻两人手臂相挽，在不用手撑地的情况下两人同时站起来。

(3) 随后依次增加小组人数。每次增加 2 人，直至挑战失败或该队获胜。

(4) 每次起身分别计时，相同人数的起身共有两次挑战机会。连续两次起身不成功的小组游戏终止。挑战成功的小组增添人数继续挑战，直至小组挑战失败或获取最终胜利。

5. 活动启示

队员们都组成了一个整体，都要全力以赴才能达到目标，这个活动可以帮助大家认识到团队合作的重要意义——要想胜利，就要通力合作，团结就是胜利。同时，这个活动对领导者的号召协调能力也是很大的考验。

课后延伸

没有人能独自成功①

一家公司招聘新员工时非常看重面试成绩。面试的考题其实不难，但能通过的人总是寥寥无几。近日，公司又进行了一次与众不同的面试。主考官在每个人的桌子上放了一叠厚厚的文件和一个夹子，向面试者说："请在 5 分钟之内用桌子上的夹子将文件夹好。"

这简直太容易了。大家都这么想。主考官话音刚落，面试者们便迫不及待地用手拿起夹子，试图尽快将这些文件夹好。让他们没有想到的事情发生了：夹子又大又硬，一只手根本打不开，如果用两只手按则又没办法拿住文件。

一分钟过去了，两分钟过去了，面试者刚才的窃喜早已荡然无存，开始焦躁不安，有的人甚至放弃了努力。5 分钟后，主考官宣布面试结果，只有 4 位面试者通过了面试。他们两两一组，每组其中一人将文件排列整齐，然后用两手紧紧握住文件，另一人则用两只手将夹子打开夹好文件。这次面试，考查的就是团结合作的能力。

从电影《流浪地球》看团结

根据刘慈欣同名小说改编的《流浪地球》科幻冒险电影，是国产电影中的巅峰之作，这部作品最值得看的是大家团结协作的部分。

首先，因为团结，点燃了苏拉威西发动机。电影中，木星即将毁灭地球，刘启想到了重启发动机点燃木星大气层来拯救地球。于是一行人开始重启苏拉威西转向发动机，王磊和队员到撞针那里，刘启去开启中控台，其他人去控制中心，在各方努力下，苏拉威西发动机重新启动。

其次，因为配合，点燃了木星大气层。电影中，一行人重启发动机后，火焰节节攀

---

① 没有人能独自成功［EB/OL］.（2022－05－05）［2023－03－10］. https://wenku.baidu.com/view/5cbd072275c66137ee06eff9aef8941ea76e4b2d.html. 有改编.

升，但没有达到既定高度，这时刘培强站了出来，他似乎与一行人达成了某种默契，他违反了AI莫斯的指令，将领航员航空站的一部分开往了火焰中，通过爆炸点燃了木星大气层，用自己的生命完成了计划，最终拯救了地球。

他们为了一个“试一试”的计划，有了共同的目标，且分头作出自己的努力，大家团结配合，拯救了地球，这就是团结协作。

我的职业素养心得

这节课，我收获了____

____

____

____

____

____

____

第二节 时间管理
——掌握时间之道，轻松融入职场

目标导读

知识目标：引导学生认识职场时间管理的重要性、特点和影响因素。

能力目标：学会合理管理时间的方法，提高学习和工作效率。

素养目标：树立珍惜时间的意识，努力提升时间管理的能力，积极投身社会主义建设事业中，实现人生价值。

自我职业素养探索

你会管理自己的时间吗？

请大家根据自己的真实情况完成以下10道题目的选择，了解一下自己管理时间的能力。

1. 周一上学的时候，老师通知周五下午有一次重要的考试，你会（　　）。

A. 取消放学后的活动，投入复习中去

B. 主要整理以往的笔记，辅助新同步练习

C. 从周一到周四都在考虑这件事情，周五早上开始抽空复习

D. 在自己的情绪好的时候复习

E. 想复习，但总是因为各种原因被打断

2. 你的记事本里写了（　　）。

A. 下周的详细日程安排

B. 要去的地方和要做的事情

C. 自己的涂鸦和喜欢去的地方

D. 用醒目大字写着一些重要的事情

E. 为每天要做的事情列出长长的单子，标出优先要做的事情

3. 你约的朋友又迟到了接近一个小时，你会（　　）。

A. 不高兴，因为你是个很守时的人

B. 没关系，你宁愿多看几本杂志也不想马上就回家

C. 心情不好，一整天都会为此别别扭扭

D. 很惊慌，觉得耽误了自己的学习时间

E. 很庆幸自己出发前打了电话，知道他（她）还没到，你也推迟时间

4. 你的抽屉（　　）。

A. 尽管像个垃圾堆，但你用起来效率很高

B. 从来没有装满，里面的东西经常会丢失或用掉

C. 堆满了没看完的复习资料

D. 当你想找某样东西时，需要把整个抽屉翻个底朝天

E. 堆得很满，是为了证明你的作业真的很多

5. 你的好朋友全家旅行，把他（她）的小狗托付给你照顾两天，你会说（　　）。

A. 让我问问爸爸妈妈，明天再答复你

B. 这礼拜我也可能要出去，但我会尽量挤出时间来

C. 交给我好了，保证完成任务

D. 没问题，即使你有很多事情。但真的到了交接的时候，你会迟到一个小时，然后再解释你迟到的原因

E. 可以，然后让他（她）写清楚详细的时间安排，并请他（她）逐一解释

6. 你做事延误了时间，是因为你（　　）。

A. 担心做的事不能百分之百完美

B. 沉浸在空想里

C. 在你进行下一步前，需要时间来把自己可能的选择一一澄清

D. 感到不知所措

E. 总是觉得时间充裕

7. 你要招待四个朋友，你（　　）。

A. 为了节约时间，会做一些简单的饭菜

B. 为了精益求精地做你拿手的饭菜，误了开饭时间

C. 胡萝卜用完了，让第一个来的客人去买

D. 忘记煮米饭了，只好出去买面食

E. 力求面面俱到，诚意邀请，准备好饭菜，也准备鲜花和蜡烛营造气氛，但结果是大家都不太满意

8. 对你而言，生活像（　　）。

A. 变戏法　　B. 马拉松　　C. 海滩

D. 做游戏　　E. 一场战斗

9. 你要写篇文章，可总是觉得没有一点灵感，你会（　　）。

A. 先写别的作业

B. 看看别人的文章

C. 希望有人能够帮助自己完成这个作业

D. 觉得厌烦，昏昏欲睡

E. 把它放在一边，先玩会儿

10. 下面最令你恼火的情况是（　　）。

A. 平庸

B. 不注意小节

C. 把记事本放错地方

D. 烧坏东西

E. 缓慢、沉闷、毫无新意的日子

【计分与分析】

第一步：对照各题选项分值（如表 4-3 所示），根据你每题所选择的答案，计算对应每题的得分。

表 4-3　选项分值表

选项	第 1 题	第 2 题	第 3 题	第 4 题	第 5 题	第 6 题	第 7 题	第 8 题	第 9 题	第 10 题
A	5	5	3	5	5	3	5	1	5	3
B	3	1	2	3	1	2	3	5	3	2
C	2	2	1	2	2	5	2	2	2	5
D	4	4	4	4	4	1	4	4	4	1
E	1	3	5	1	3	4	1	3	1	4

第二步：统计你得 1 分、2 分、3 分、4 分、5 分的次数。

第三步：对照下面的结果进行分析，探索你的工作效率及时间管理能力类型：

（1）得 1 分最多者：忙碌型——经常为各种事情忙忙碌碌，常觉得时间不够用。

建议：留出更多的令自己心平气和的时间——做做运动或每天安排几次沉思冥想、外出散步或者深呼吸等活动，会令你效率倍增。

（2）得 2 分最多者：白日梦型——你宁可迟到也不愿做时间的奴隶。从来搞不清小

事要花多少时间，经常不能有始有终地完成计划。

建议：买两本日历（一本用于学习，另一本用于日常生活），放在显眼处，给每件事情定个最后的期限，在日历上标明，每完成一件事，就在日历上做上标记。

（3）得 3 分最多者：完美主义型——追求尽善尽美，没有时间观念。把大量的时间花在细枝末节上。

建议：按照每件事的重要性分配时间和精力。

（4）得 4 分最多者：紧张刺激型——习惯到最后时刻才开始行动。

建议：做每件事情都比计划提前一点开始行动，从容应对。

（5）得 5 分最多者：把握时间型——善于把握时间，能灵活驾驭时间做自己的事情。

建议：工作之余尽情放松自己，不要苛求别人同自己一样高效率。

前车之鉴

最近，李凯和两名同学组队参加了学校举办的创业大赛。身为队长，李凯自信满满，希望能够在此次比赛中取得好成绩，为毕业后的职业方向做好铺垫。然而参赛几天下来，李凯感到无比困惑："时间都去哪儿了？"创业团队每天都有很多的工作计划和参赛任务，李凯每天都感觉时间不够用——事情太多，时间太少，计划赶不上变化，参赛以来每天都被任务追着跑。那么李凯每天都是怎么安排自己的时间和任务的呢？

第一天是项目展示，因前天晚上看球赛睡觉太晚，李凯原计划 6:30 起来准备团队晨会资料，和队友们讨论展示分工。可是当他醒来的时候，他慵懒地闪过了"再睡一会儿"的念头，这一睡就过了团队晨会时间，还没来得及好好准备，重头戏项目展示就草草结束了！

第二天是市场调研，计划 11:30 到某地集合，但李凯没有留足出门时间，遇上堵车高峰，比原定时间多花一小时在路上。赶到时，他们已错过团队调研人群受访的最佳时间，未能在规定时间内完成调研目标数量，只能延长调研时间，导致下午相应的参赛项目被打乱。

第三天是项目路演，为避免再次出现时间不足的情况，李凯和队友提前半小时到达路演现场。但因为出发前他们把所有路演道具都放在了一起，没有分类放好，导致他们上场的时候花了很长时间来重新整理道具。由于上场前整理道具消耗了时间，最后他们的项目路演也没能取得很好的效果。

就这样，李凯的各项创业环节因为各种时间问题没能取得很好的参赛成绩，他们的创业大赛以失败告终。李凯和队友们忍不住发出感慨："职场时间管理可太重要了！"

【案例点拨】时间对于每个人而言都是极其宝贵的资源，尤其是对于初入职场的人来说更是如此。案例中的李凯没有很好的时间观念，缺乏时间管理能力，消耗重要的工作时间忙于解决一些突发状况或干扰最大的事，结果天天在应付突发状况，打乱了原有工作的条理，把时间都花在不重要的琐事上了，以至于感慨"事情太多，时间太少"。可见，时间管理是职场人士必要的职业素养，学会有效地管理时间、提高工作效率，是走向成功的重要条件。

素养感知

84 岁院士的 24 小时①

在抗击新冠肺炎疫情的记忆中，有一个重要的节点——2020 年 1 月 20 日。这一天，国家卫健委组织召开记者会，高级别专家组正式面向全国通报：新冠病毒已经出现“人传人”现象。在这之前，84 岁的钟南山院士就已经开启了他几乎不眠不休的战“疫”斗争。

1 月 18 日，从深圳参与抢救后回广州参加会议，傍晚 5 点挤上广州开往武汉的高铁，晚上 11 点听取武汉方面的情况汇报。

1 月 19 日，在武汉参加疫情研讨，前往金银潭等医院走访，晚上 10 点到达北京，开会至凌晨 2 点。

1 月 29 日，在电梯里接受采访，而后参与危重症病例远程会诊，会诊持续了 4 个多小时。

1 月 30 日，上午 6 点与“病毒猎手”伊恩·利普金教授见面，而后乘坐飞机前往北京参会，在飞机上研究治疗方案。

2 月 11 日，接受路透社采访，远程视频讨论病例，晚上接受央视专访。

…………

在央视《故事里的中国》节目中，随行秘书首次披露了这位 84 岁老人在抗疫期间的工作和生活细节，看到表上密密麻麻的日程安排，不少观众动容，更是对这位八旬老人争分夺秒的时间观念感到敬佩。

在这样连轴转的行程背后，还藏着大量的电话沟通、病例分析，哪怕是在开往武汉的火车上，钟老依旧马不停蹄地整理对疫情的研判；靠在座椅上闭目养神的十分钟里，仍没有停止思考。“钟南山”就像一座山。这座山，顶了多少年风雨，给了多少人心安。

时间对于钟老来说也是分秒必争，提前一分钟、一秒钟研究出方案、攻克病毒难题，就会挽救无数人的生命，他是在和病毒抢时间、抢生命。年过八旬的钟南山院士无疑是时间管理的佼佼者，他每日坚持写日程安排，认真规划每日工作细节，高效进行时间管理！那我们呢？风华正茂的少年，又该怎样规划自己的每一天？

冬奥新秀谷爱凌　时间管理是大师②

2022 年北京冬奥会，中国选手谷爱凌可能是最忙碌的运动员。她报名了三个项目

① 看 84 岁钟南山院士的 24 小时，这才是偶像！这种时间分配法请保存［EB/OL］.（2020-11-21）[2022-06-10]. https://baijiahao.baidu.com/s?id=1683945667781084493&wfr=spider&for=pc%EF%BC%89. 有改编.

② 褚鹏. 冬奥会菜鸟谷爱凌，时间管理是大师［EB/OL］.（2022-02-15）[2022-06-10]. https://www.163.com/dy/article/H088VI5F0514R9KQ.html. 有改编.

的比赛，需要辗转北京和张家口两个赛区，三个场馆。尽管谷爱凌表示，这等于自己有三次冲击冬奥会奖牌的机会，但外界担心她能否把赛程安排好。对于谷爱凌来说，紧凑的赛程反而让她回到习惯的生活。自从选择了兼顾学业和滑雪运动，谷爱凌在学生时代都是这么过来的。别看谷爱凌在冬奥会是新秀，却是安排生活、管理时间方面的大师。

从小到大，谷爱凌是多个运动项目的尖子。谷爱凌妈妈介绍，每天课后孩子都要参加各种运动两个小时。当学习和运动都是不能割舍的爱好时，谷爱凌摸索掌握了一套有效的时间管理方法。

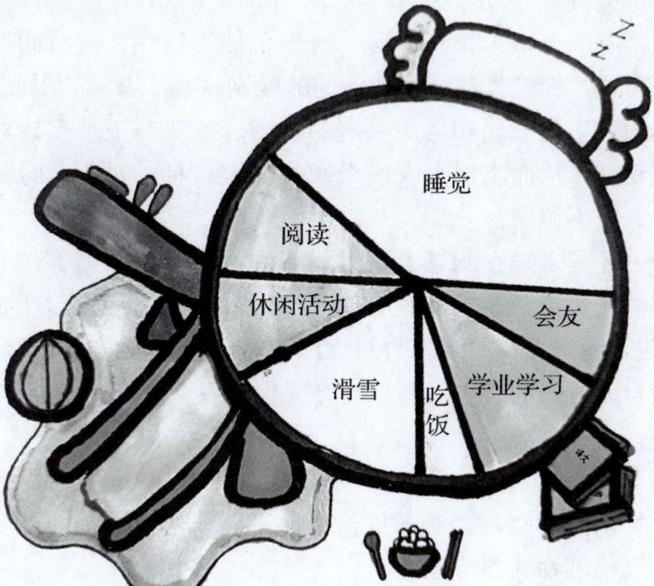

2019 年，谷爱凌面临着安排不开时间的困境。那一年谷爱凌决定加入中国国籍，在 2022 年代表中国出战北京冬奥会。根据冬奥会规则，选手要在 2020 年 7 月 1 日至 2022 年 1 月 16 日之间，参加在欧洲、美洲举行的各站比赛，获得足够的国际雪联积分，才能得到奥运资格。这对于还是学生的谷爱凌而言，几乎是不能完成的任务。

在这样的背景下，谷爱凌决定提前结束高中学业，提前参加美国高考，将抢出来的这一年留给冬奥会备战。当时还在上高一的谷爱凌找到校长，表示要将后两年的学业压缩至一年，争取提前毕业。一年后，谷爱凌实现了与校长的约定，提前从美国的高中毕业，为之后的冬奥会备战留出了一年时间。

认真做好眼下的事，可能就是谷爱凌的秘诀。她每天都会把一天的学习和训练任务规划好，并且严格执行。在训练的间隙，谷爱凌会见缝插针地做一些与学习相关的事情。她发现专注能让她事半功倍。同样是 24 小时，她一天做的事可以是别人的几倍还多。

谷爱凌这样描述自己的成功：“天赋有可能是一部分，但是我自己觉得大多数原因是努力和时间的平衡，还有自律的生活方式。”忽略自己过人的天赋，拼命挖掘时间的最大价值，这才是谷爱凌成功的最大秘诀——不浪费每一分每一秒，让每一秒都发挥出它最大的价值。

知识链接

一、时间管理的内涵与意义

时间对于我们每个人而言都是一样的，无论你是企业管理者还是普通员工，不管你是贫穷还是富有，都拥有一年 365 天、一天 24 小时、一小时 60 分钟……但时间对于每个人又是不一样的：有的人每天忙忙碌碌，时间仍然不够用，被时间追着跑；有的人每天淡然自若，时间富足，轻松驾驭时间。他们的区别就在于有无“时间管理”。

时间管理是指通过事先规划和运用一定的技巧、方法与工具实现对时间的灵活以及有效运用，降低变动性，从而实现个人或组织的既定目标的过程。时间管理的目的是决定什么事该做，什么事不该做。

不管是在校学习还是未来在职场上，时间管理对我们每个人都是非常重要的，学会管理时间、做时间的主人是我们必备的职业素养之一。“时间就是生命”“时间就是金钱”，时间无法倒流，我们不仅要培养时间意识，珍惜时间，我们还要学会有效地管理时间、驾驭时间，做自己时间的管理者，规划好人生的各个阶段。

二、时间的特点

时间是个非常特别的东西，它看不见，也摸不着，但我们仍能感受到它的存在，因为时间具有区别于其他事物的独特性。

1. 供给毫无弹性

时间的供给量是固定不变的，它不会因为人的主观意志而增加或减少，每个人每天都是 24 小时，无法开源；也不会因外力而改变，一分一秒过去，流速固定，不会加快也不会减慢。

2. 不可储藏性

时间不能够像水力、金钱、能量一样被积蓄储藏起来以备用。不论我们是否愿意，时间都在消逝，无法节流。

3. 不可替代性

我们所做的任何事情都基于时间的堆砌。时间是任何活动所不可缺少的基本资源，无法用其他物品取代。

4. 不可复得性

时间无法失而复得。它一旦消逝，则会永远消逝。失去的物品可以再次找回来，用掉的金钱可以重新赚回来，但倘若挥霍了时间，则无论花多大的代价都无力挽回。

5. 不可逆性

时间只能沿着过去、现在和将来一个方向延续，具有不可逆性。任何人都无法回到上一秒的时间里，只能把握现在，展望未来。

正是由于时间的特殊性，我们要树立正确的时间观念和时间意识，珍惜时间，珍惜当下的每分每秒，好好利用时间去增长知识，培养技能，在有限的时间里做有意义的事情，让我们的时间发挥最大的价值。

三、影响时间管理的因素

我们都知道时间很宝贵，学会时间管理对每个人的职业成长非常重要。然而，在学习和工作过程中，我们免不了会受到一些内外因素的影响，无法实现良好的时间管理效果。影响时间管理的因素主要有以下几点。

1. 缺乏计划性

平时缺少梳理自身工作条理的习惯，把时间花在处理一些无关紧要的事情上，重要的事情却因时间不够而无法完成。

2. 习惯性拖拉

比如因缺乏执行力而拖拉，因做事犹豫不决而拖拉，因做事不够果断而拖拉，因不自信害怕做不好而拖拉，拖拉习惯了，虚度时间就成自然了。

3. 不会拒绝

对于各种要求有求必应，不会拒绝别人，未衡量自身实际接受他人请求，以致花大量时间去处理他人的事务，自身事务一团糟。

4. 过多干扰

在学习或工作过程中，身边有过多的干扰因素或诱惑，比如手机、游戏、他人闲聊等，以致无法专心于当下的任务。

缺乏计划性、习惯性拖拉、不会拒绝、过多干扰等因素的存在会影响我们对时间进行有效的管理。在平时的学习和工作中，我们要注意减少这些因素的影响，避免浪费时间。

四、时间管理之断舍离

目前困扰我们有效进行时间管理的突出问题是，太多来自外界的干扰，随时得放下手边的工作去做别的事情。周围众多的干扰因素，是时间流逝的致命杀手，以致我们总会苦于“事情太多，时间太少”，疲于处理不必要的事务，导致“时间天平”严重失衡。

“断舍离”是极简主义的理念体现与概括，是指把我们身边“不需要、不适合、不舒服”的多余的东西舍弃。“断舍离”不仅是简约的生活理念，还是实用的时间管理方法。掌握好“断舍离”时间管理方法，“变少为多”，能够帮助我们使失衡的时间天平保持平衡。

1. 断：剪断浪费时间的念头与想法

有时候不是行动浪费了我们的时间，而是脑海里各种可有可无的想法占据了我们宝贵的时间。我们需要精简大脑里的想法，少做决定，不要把我们的脑力和时间用在娱乐

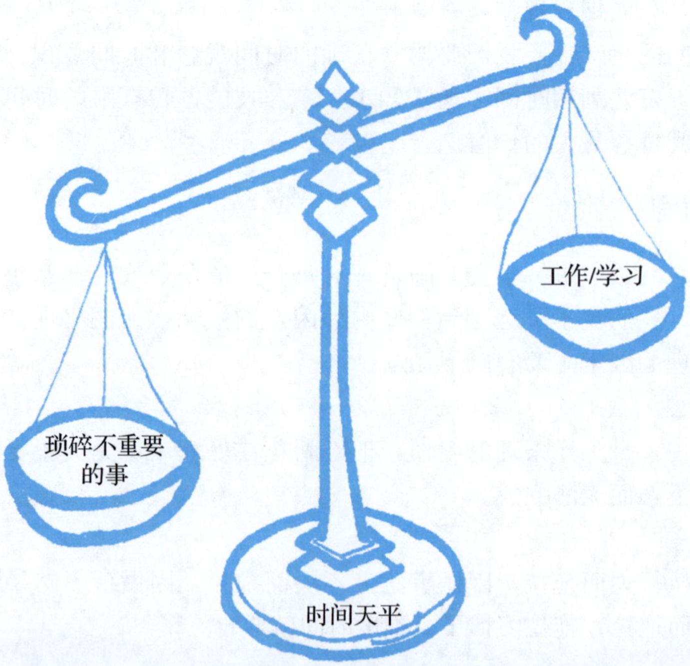

八卦、游戏睡觉、揣摩他人的看法等这些琐事上，减少在纠结、徘徊中浪费的时间。

当我们脑海闪过“不如多睡/看/玩/聊一会儿……”类似的念头时，我们要紧急给自己喊停——“我要学习/工作了”，让自己快速从那些想法中抽离出来，回到学习工作的状态。因为我们的大脑趋向于选择轻松舒服的工作方式，“一会儿”可能会让我们忘记时间，变成“一个小时”“一个上午”甚至“一天”，时间匆匆流逝而不自知。

2. 舍：舍弃浪费时间的琐物与杂事

每个人的时间、精力都是有限的，事务多了，时间自然就少了。如果上午花了时间收拾整理桌面，计划在学习和工作上的时间就不够了；如果花了太多精力与各种人社交，自然就无法专心陪伴父母、家人。

此时，我们需要坚定地舍弃一些不必要的物品和事务。如清理桌面，把不必要的小说杂志、茶品摆件、游戏机等物品清理掉，只留下学习和工作所需的物品；清理手机，把占据大量时间的非必要 App 移除；对于超出时间预算的非重要任务，如浏览新闻、喝咖啡等，要毫不犹豫地从计划里删掉，一件事一件事地做，一个计划接一个计划地执行。

3. 离：离开浪费时间的环境和场所

除了想法和具体事件，我们还容易受所处环境的影响，在不经意中浪费宝贵的时间。如学习中，发现旁边的同学在激动地讨论新出的手机游戏，我们也兴趣盎然地加入讨论的行列，打乱学习计划；工作时，同事在茶水间讨论股票、八卦，原本有其他任务的你被话题吸引了，以致手头的工作未完成……还有网吧、桌游室、奶茶店、咖啡室等，都是容易让我们驻足其中不知不觉忘记时间的场所。

要做好时间管理，我们需要自觉提升自律意识，果断地离开当下耗费我们时间和精力的环境与场所，把宝贵的时间用在时间和工作中，专注当下。

“少就是多”，困扰我们的想法、事务、环境少了，回归于学习和工作的时间自然就多了，让时间天平逐渐恢复平衡。我们可以回想一天中做过的所有决定，找出那些对我们不重要的想法、琐事、杂物和环境，把它从我们的选择中排除。“断舍离”让我们在选择上做减法，在时间上做加法，让我们拥有更多的时间去做想要做的事情，实现时间管理，轻松驾驭时间。

五、时间管理之番茄工作法①

番茄工作法以大化小，让时间管理简单高效。

番茄工作法是一种简单、易操作的时间管理方法，执行起来相对更加细致和精确。由于它操作简单、实用性强，被很多人推崇。

实践番茄工作法需要准备的工具：一个计时器、一张任务清单。它的原理是将大目标分割成小目标，在任务清单上罗列出具体要完成的任务，每25分钟集中注意力，专注做一件事，然后休息5分钟，让疲劳的大脑休息放松，然后再进行下一个“25+5”的番茄工作时间，每完成一个任务打一个钩，直到任务完成，讲究劳逸结合进行工作。结束一天的工作后，根据记录对当日的工作学习情况进行复盘，同时可以对第二天的时间进行规划。

番茄工作法的优点：

（1）把复杂的任务分解成可执行的小任务，帮助我们克服拖延心理。

（2）专注于当下的工作任务，提高工作效率。

（3）劳逸结合，几分钟的休息时间能帮助我们很好地调整身心，以较好的状态重新进入工作。

（4）罗列清单，保证每天做的都是重要的、必要的事。

训练提升

课堂活动——心有灵犀

1. 活动道具

计时器、音乐播放器。

2. 活动时间

5～10分钟。

3. 活动规则

（1）教室环境保持安静，所有同学闭上眼睛感受时间流逝，5、10、20、30秒后提示音响起，让学生预估刚才的时间长度是多少。

（2）教师播放一段歌曲，所有同学闭上眼睛听着音乐感受时间流逝，音乐播放完后，

---

① 弗朗西斯卡·西里洛. 番茄工作法图解［M］. 北京：人民邮电出版社，2012.

让学生预估刚才的音乐时长是多少。

（3）学生分享感受。

4. 活动启示

时间无法储存，时间也无法提前使用。时间不会因为我们慢下来而变缓，也不会因为我们着急而变快。我们总以为时间很多，然而时间总在我们不知不觉中流逝，我们要好好珍惜时间，把握当下。

户外拓展——急速 60 秒

1. 场地要求

空旷的、无阻碍的室外场地。

2. 活动道具

1 个计时器、一幅含有 30 张抽象数字顺序的卡牌、一条 10～15 米长的绳子。

3. 活动时间

90 分钟。

4. 活动规则

（1）班级人员分组，一组 8～10 人为宜，活动开始前，各组抽签确定活动顺序。

（2）用绳子在地上围成一个圆圈，把 30 张抽象数字卡片无序地摆放在圈内，每一组卡片摆放位置都要打乱。

（3）每组派一名组员代表进入绳圈内，选手在规定的 60 秒内要把 30 张卡片按照数字从小到大的顺序叠好交给裁判，用时最短的小组获胜。

（4）其他未进入圈内的小组成员负责在圈外提示圈内的小组代表，只能给予语言或手势上的提示，不能接触圈内的卡片，不允许用手机、相机或者纸笔记下游戏纸片的内容；若有违规行为则减掉该组当场游戏 5 秒。

（5）每一组活动结束后，有 10 分钟的休息时间给各小组成员商量对策，再继续下一轮。

5. 活动启示

60 秒的时间内完成翻牌、记牌、叠序任务，时间看似很短难以完成，但 60 秒利用起来，却能让团队互相配合高效完成任务。活动中如果搞不清规则，摸不清操作规范，一开始就着急弄，很容易把时间浪费在试错上。因此在团队活动过程中，我们不仅要培养良好的时间意识，还需要互相配合，充分利用时间，发挥各自的作用，降低时间成本。

课后延伸

董遇：“三余”时间[①]

东汉末年，有一个人名叫董遇，他从小喜欢学习，不管走到哪里，他身上总是带着

① 中华传统文化故事赏析：董遇“三余”时间［EB/OL］.（2017－01－11）［2022－06－10］. https://xiaoxue.koolearn.com/20170111/172263.html.

书，一有时间就坐下来学习。后来，董遇成了大学者。

有人问董遇："你是怎么读书的？"董遇回答："我遇到读不懂的书，就反复地看，反复地读。"这个人反问："反复读一本书，哪有那么多时间呢？"

董遇说："那就利用'三余'时间。"

这个人好奇地问："什么是'三余'时间？"

董遇说："冬天是一年的剩余，夜晚是白天的剩余，下雨天是晴天的剩余。只要用好了这'三余'时间，就有时间读书了。"

俗话说："一寸光阴一寸金，寸金难买寸光阴。"可见，时间对于我们来说是尤其珍贵的，而如何有效利用时间来进行学习，是我们每个人需要认真对待的问题。董遇"三余"时间，充分体现了他善于学习和善于利用时间。需要记住的是，学习最重要的就是坚持，只有这样，你才能有所收获。

孙康：映雪读书①

晋朝人孙康自幼酷爱学习，常常感到时间不够用。他想夜以继日地读书，可他家中贫穷，没钱购买灯油，一到天黑，便没有办法读书了。到了冬天，长夜漫漫，他有时辗转很久，难以入睡。实在没有办法，他只好白天多看书，晚上躺在床上默诵。

虽然孙康读的书都是借的，但他很有时间观念，到时间一定要还，常常因为没有时间看书而发愁。他曾经尝试在月光下读书，但是光线太暗，眼睛非常疲劳。

一个冬天的夜里，孙康一觉醒来，忽然发现从窗外透进几丝白光。开门一看，原来下了一场大雪。屋顶白了，地上白了，树上也白了。整个大地披上了一层银装，闪闪发光，使他眼花缭乱。他站在院子里欣赏银装素裹的雪后美景，忽然心中一动：映着雪光，可否读书呢？他急急忙忙跑回到屋里，拿出书来对着雪地的反光一看，果然字迹清楚，比一盏昏黄的小油灯要亮堂得多呢！孙康非常高兴，忙坐在雪地里如饥似渴地看书。

从此孙康不再为没有灯油而发愁。整个冬天，他夜以继日地读书，不怕寒冷，也不感到疲倦，常常一直读到鸡叫。即使是北风呼号，滴水成冰，他也从来没有中断过读书。功夫不负有心人，孙康学有所成，成为一位很有名望的学者。

时间管理"四象限"法

时间"四象限"法是美国的管理学家科维提出的一个时间管理的理论。他把工作按照重要和紧急两个不同的程度进行了划分，基本上可以分为四个"象限"：既紧急又重要（如客户投诉、即将到期的任务、财务危机等）、重要但不紧急（如建立人际关系、人员培训、制订防范措施等）、紧急但不重要（如电话铃声、不速之客等）、既不紧急也不重

---

① 古代名人孙康映雪夜读的故事［EB/OL］.（2015-08-27）［2022-06-10］. https://www.51test.net/show/5742798.html. 有改编.

要（如上网、闲谈、邮件等）。

“四象限”法提倡按事情的轻重缓急顺序来处理手头的事情：先是既紧急又重要的，接着是重要但不紧急的，再到紧急但不重要的，最后才是既不紧急也不重要的。“四象限”法的关键在于第二类和第三类的顺序问题，必须非常小心地区分。另外，也要注意划分好第一类和第三类事情，它们都是紧急的，区别就在于前者能带来价值，能实现某个重要目标，而后者不能。

歌曲：《时间都去哪儿了》

作词：陈曦
作曲：董冬冬

门前老树长新芽，院里枯木又开花。
半生存了好多话，藏进了满头白发。
记忆中的小脚丫，肉嘟嘟的小嘴巴。
一生把爱交给他，只为那一声爸妈。
时间都去哪儿了，还没好好感受年轻就老了。
生儿养女一辈子，满脑子都是孩子哭了笑了。
时间都去哪儿了，还没好好看看你眼睛就花了。
柴米油盐半辈子，转眼就只剩下满脸的皱纹了。
记忆中的小脚丫，肉嘟嘟的小嘴巴。
一生把爱交给他，只为那一声爸妈。
时间都去哪儿了，还没好好感受年轻就老了。
生儿养女一辈子，满脑子都是孩子哭了笑了。
时间都去哪儿了，还没好好看看你眼睛就花了。
柴米油盐半辈子，转眼就只剩下满脸的皱纹了。

我的职业素养心得

这节课，我收获了____

____

____

____

____

____

____

____

____

第三节　应变抗压
——有效应对压力，勇担职业角色

目标导读

知识目标：能够自我分析造成心理困扰的原因，并掌握常用的自我心理调适方法。

能力目标：能够主动进行自我调节，拥有积极向上的情绪状态，遇事学会换位思考，面对压力学会正确归因。

素养目标：树立正确的挫折观念，能够在压力中客观认识自我，并对自己的未来充满信心。

自我职业素养探索

你会应对自己的压力吗？

面对较大的生活变化，或者面对对自己有压力的生活事件时，你内心的应对方式是怎样的呢？频率如何？表 4－4 为心理压力应对类型测试表，请选择最符合自己实际情况的选择。A 表示没有，B 表示有时，C 表示较多，D 表示非常多。

表 4－4　心理压力应对类型测试表

相关描述	A	B	C	D
1. 自己会考虑以后怎么办	□	□	□	□
2. 做一些不一定有用的事情，但至少做了	□	□	□	□
3. 找一些人交流，以便更多地了解问题	□	□	□	□
4. 尽量使问题留有一定余地	□	□	□	□
5. 听天由命，有时运气不好	□	□	□	□
6. 无所谓，像什么事也没有发生一样	□	□	□	□
7. 尽量不让压力事件影响自己，一般不对它作太多考虑	□	□	□	□
8. 尽量看到问题好的一面	□	□	□	□
9. 埋头睡上一觉	□	□	□	□
10. 向惹出问题的人发火	□	□	□	□
11. 接受别人的同情和理解	□	□	□	□
12. 主动针对该问题做一些有用的事情	□	□	□	□
13. 尽力忘掉所有的事情	□	□	□	□

续表

相关描述	A	B	C	D
14. 征求自己所尊敬的老师或朋友的意见	□	□	□	□
15. 做些改变和调整，所谓“吃一堑，长一智”	□	□	□	□
16. 尽量不让其他人知道这件事情有多糟糕	□	□	□	□
17. 发泄一下自己的情绪	□	□	□	□
18. 设法改变自己的一些感受	□	□	□	□
19. 找能为此事提供实际帮助的人咨询	□	□	□	□
20. 通过喝酒或玩游戏等方式使自己舒服些	□	□	□	□
21. 用冒险的方式来解决危机	□	□	□	□
22. 尽量做到不冲动、不急躁	□	□	□	□
23. 重新发现生活的意义	□	□	□	□
24. 认为改变一些事情，整个事情就会慢慢好转	□	□	□	□
25. 把事情尽量推到别人身上去	□	□	□	□
26. 借鉴过去的经验，因为过去也遇到过类似的情形	□	□	□	□
27. 知道该怎么做，所以会努力使事情得到解决	□	□	□	□
28. 想象并模仿自己所崇拜的人，来处理自己所遇到的事情	□	□	□	□
29. 幻想或者祈祷事情会自己好转	□	□	□	□
30. 坚持己见，争取想得到的结果	□	□	□	□

【计分方法】

每题选 A 计 0 分，选 B 计 1 分，选 C 计 2 分，选 D 计 3 分。

【你的总分】 ________________

【结果分析】

第 2、10、17、21、30 题得分累计超过 8 分：属于直接型应对方式，即意味着习惯对于压力事件直接处理。

第 5、6、7、8、13 题得分累计超过 8 分：属于间接型应对方式，即意味着多采用间接或迂回的方式应对所面临的压力。

第 4、16、22、28 题得分累计超过 6 分：属于自我控制型应对方式，即意味着多采用自我控制的方式来应对所面临的压力。

第 3、11、14、19 题得分累计超过 6 分：属于寻求帮助型应对方式，即意味着多采用寻求社会支持的方式应对所面临的压力。

第 9、20、25、29 题得分累计超过 6 分：属于逃避型应对方式，即意味着多采用逃避的方式来应对所面临的压力。

第 1、24、26、27 题得分累计超过 6 分：属于计划型应对方式，即意味着习惯于理智地分析和解决所面临的压力问题。

第 12、15、18、23 题得分累计超过 6 分：属于主动型应对方式，即意味着多采用积极主动的态度来应对所面临的压力。

前车之鉴

文杰是一名医学专业的学生。他性格开朗，但是一遇到考试就会紧张，有时候甚至会手脚发凉、呼吸急促。万幸的是，文杰通过考试顺利毕业，毕业后也顺利找到了一份不错的工作。拥有通情达理的父母，有一份自己满意的工作，文杰看到了美好的未来在向他招手，一家人也其乐融融。但如今一家人失去了往日的欢声笑语，家庭气氛沉闷。是什么导致一个欢声笑语、其乐融融的家庭变得气氛沉闷了呢？这还得从文杰踏入工作岗位说起。

刚刚分到医院工作时，初来乍到的文杰为了给同事及领导留下一个好印象，将本不该自己负责的工作也承担了下来，导致自己压力过大。他表示：“工作太多了，有时候同时进行好几件事情，完全适应不了工作压力。”可是在面对自己的工作压力时，文杰不知道该如何排解，愁得晚上睡不着觉，也不敢向其他人寻求帮助。慢慢地，文杰越来越孤僻，由于压力过大，白天精神也越来越不好，最终因为精神恍惚，工作中经常出现意外，最终被领导要求回家休息。

原本期待得到同事以及领导认可的文杰，因为没有考虑自身情况而使得自己压力过大，甚至因为这种压力一直得不到释放而暂时地离开了工作岗位，这对于初入职场的文杰而言，实在是一个不小的打击。

【案例点拨】踏入职场会受到职场的压力。有的压力是自身原因造成的，例如自身要求较高但是却没有能力实现而造成的自身压力；有的压力是外部原因造成的，来自身边的大环境或者小环境，例如案例中文杰对小环境的不适应等情况。在面对以上情况时，学会调节职业压力的良好方法，才能成就更好的自己，让自己工作起来更顺心。

素养感知

交通安全的守护者

志明笔直地站在车水马龙的路口，挥动着手臂指挥交通，让路面变得有序畅通。他的生活在别人看来枯燥无趣，早晚高峰执勤、检查校车安全、处理交通事故、查处交通违法行为、宣传交通法规……作为一名交警，他终日与汽车尾气为伴。

在局里一直忙着处理事务，草草吃过晚饭后就立刻出来执勤，因为工作原因患上的慢性胃炎使他的上腹在隐隐作痛着，但是晚上需要查酒驾，又要忙碌到深夜了。不知道时间过了多久，晚高峰过去了，车辆越来越少，夜间酒驾整治的行动也即将结束。他带着一身的疲惫回到小小的房子，洗脸时看到镜子中苍老的面孔，他甚至发现自己的两鬓已经长出了几缕白发。

由于工作的特殊性，他经常面临危险。比如今晚一个司机在遇到交警检查时，不但不配合，反而加速逃窜，险些撞到他，他立刻叫执勤的同事拦住了那辆试图逃窜的小车。这在他的职业生涯里并不算什么惊险刺激的事，但生命安全问题成为他职业生涯的最大压力。

有时候看着自己即将高考的女儿、需要赡养的父母、需要他帮助的兄弟姐妹，他很担心自己哪天出现生命安全问题，那么这些他在乎的人该怎么办？在这种压力下，慢慢地，志明发现自己的工作态度出现了问题，有时候会无故发火，甚至很怕执行酒驾整治等具有一定危险性的任务。

后来，他处理了一场由于司机不规范行驶引发的事故，这一事故把司机一家人的命全搭进去了。通过这件事，他突然明白了自己是道路交通安全的维护者、守护者，便暗自下定决心要担当好这一职责，之前对自己生命安全的担忧也随之消失了。压力也是一种锻炼人的方式，正是因为有压力，人们才会逼迫自己去努力、去奋斗。经过努力，志明所分管的区域在全市范围内好评率最高、事故发生率最低、道路行驶最规范。他这些年来的努力是有价值的，他在这份辛苦的工作中体会到了至高无上的荣誉感。

赛道压力的制胜法宝①

老将谢文骏再次获得全运会 110 米栏项目冠军，面对镜头，他伸出 3 根手指，含义不言而喻——三连冠。

男子 110 米栏多年来一直是上海体育的金字招牌，从东京奥运会归来的谢文骏在陕西西安继续捍卫了这个荣誉。男子 110 米栏决赛中他跑出了 13 秒 37 的赛季最好成绩，如愿夺冠，并追平了师兄刘翔的全运会三连冠纪录，上海男子跨栏也由此实现了全运会

---

① 李东烨. 甩掉压力不容易［EB/OL］.（2021-09-29）［2022-06-14］. https://www.globalpeople.com.cn/index.php?a=show&c=index&catid=2&id=13719&m=wap. 有改编.

八连冠的传奇。

从谢文骏自身来看，他今年的状态不算太好，一直有伤病。从奥运会回来一个月，谢文骏先经过隔离再恢复训练，训练很不系统。第十四届全运会这一仗，谢文骏确实赢得不轻松，鸣枪后起跑反应最快的是 21 岁北京小将宁潇函，前程谢文骏明显落后。但谢文骏途中跨栏技术和经验更胜一筹，他在后半程一路追赶、成功反超、惊险撞线，领先优势仅为 0.08 秒。

赛后，谢文骏长舒了一口气，说："我心头的那块石头终于放下了，三连冠这个荣誉对我来说实在太过沉重。虽然我经常会刻意去忽视，但甩掉压力并非那么简单。"

甩掉压力并不容易，尤其是在竞技运动中，运动员每一秒的状态都会影响比赛的最终结果。谢文骏从开头的落后到最终的反杀，从甩掉压力到迅速调整状态，与他多年辛苦的练习肯定是分不开的。在学生阶段，我们要做好充分练习，为进入职场做好准备。

知识链接

一、职业压力的概念

职业压力又称职业应激、工作应激或者工作压力，是指因职业环境中持续刺激作用而引起的个体一系列心理、生理和行为紧张状态。如预期岗位目标过高、超负荷工作使体力精神双重透支等。

二、职业压力的特点

1. 过程复杂性

职业压力是一个从个体感受到威胁性刺激再到产生一系列身心及行为变化的复杂过程。

2. 来源主观性

压力反应因人而异，在压力源存在的情况下，个体的主观认知、个性特征及应对方式是其中起重要作用的中介变量。

3. 表现多样性

对职业压力的反应是多方面的，包括生理的、心理的和行为的，只有当个体受到压力威胁而无成功应对的把握时，才产生紧张状态。

4. 作用两面性

职业压力的作用具有两面性。1908 年心理学家通过实验研究，归纳出一种法则，即"倒 U 理论"，用来解释心理压力、工作难度与工作绩效三者之间的关系。简单来说，就是要处在适当的压力之下，这时的工作效率或者绩效最高，过高或者过低的压力则会造成负面作用。具体如图 4－1 所示。

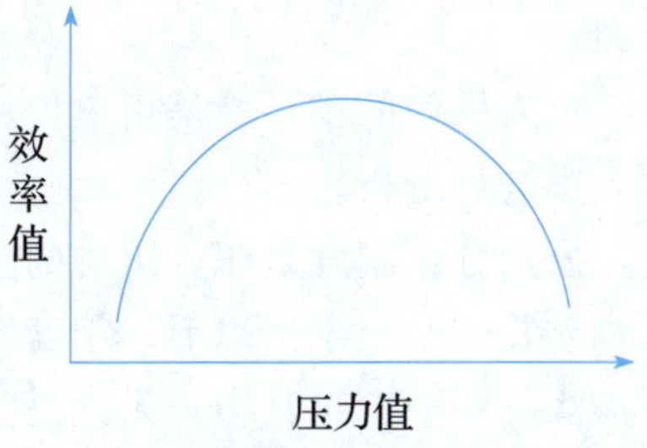

图 4－1 倒 U 理论

三、职业压力的影响

适度的应激水平可使人注意力集中、思维反应敏捷、机体活力增强，从而提高工作效率，降低错误发生率。

大量研究表明，职业压力的消极作用甚于积极作用，一旦处理不当，容易形成职业心理问题，影响心理健康。职业压力的消极作用具体可以归纳为以下四个方面：

（1）认知障碍，不能集中注意力，难以承受工作压力。

（2）焦虑抑郁，产生忧虑和失落感，认为自己的职业前途黯淡，缺乏自我控制力。

（3）不良爱好（如嗜烟和酗酒等），暴力倾向，家庭生活失败。

（4）环境适应困难，人际关系不和谐。

根据已有的调查数据，可以得出这样的结论：职业压力会给个体的幸福与安宁带来负面影响。经研究发现，过度的工作负荷指标与悲伤、不愉快及情感抑郁程度呈正相关。

四、职业压力的原因

造成职业压力的原因有外在因素与内在因素。

1. 外在因素

外在因素是指自身没有办法改变的因素，主要是指社会大环境以及个人供职的小环境。

社会大环境中经济社会的急剧变化本身会对个人的心理、生活产生强烈的冲击。目前的社会大环境又可以从三个方面来分析：

首先，全球经济低迷，导致很多单位减产而降薪甚至倒闭，大批量的裁员、失业使得就业形势也变得严峻，个人因缺乏心理准备和相应的适应能力，必然导致较大冲突与心理压力。

其次，随着社会的发展，社会对人的要求提高，行业之间及行业内部的竞争日趋激烈，许多岗位已经被机械化取代，劳动力市场供过于求，这一切都给每个在岗者传递着“职场如战场”的信息，使其产生职业压力感。

最后，互联网行业的发展，使得现在消息传播也达到了空前的速度。太多信息的轰炸会让我们分出一部分精力去理清信息，更少关注自我需求。尤其是对刚踏入职场的年轻人而言，没有办法很好认识自己的需求，被催促着去找工作会给人带来慌乱以及压力。

个人供职的小环境是指单位、部门的环境，具体可从公司分配制度和公司关系两方面入手进行分析。

公司分配制度是职业压力的重要来源。同一部门因为奖金分配制度，最高与最低收入相差几倍乃至十倍以上；年度考核进行全员大排名，奖金与名次直接挂钩并且实行末位淘汰制……置身其中，无论是收入高还是收入低，无论是排名在前还是排名在后，每个人都生活在职业压力之中。

公司关系主要指与同事、与上司的关系。影响其关系的因素主要是同事、上司与自己之间的相互认可、评估和支持。但要相互给予充分认可、客观地评价和真诚地支持并不容易。同事间的说三道四、被上司的排斥挤兑等并非个别现象，这些常可使人透不过气来，感到精神压抑甚至恐惧。

2. 内在因素

内在因素是指与自身有关的因素，如个人能力、个人自我期望值、个人性格等方面。内在因素可以改变，但是需要长久坚持和付出。

首先，当工作要求超出个人应对能力（如文化水平、经验等方面）时，就会对个人形成一种威胁，让个人产生职业压力。当个体文化水平不高，职业能力有限，经验不丰富，面对复杂多样的实际问题，需要作出正确科学的决断时，个体自然就无法成功应对职业压力。

其次，当个人能力与工作可以匹配，但是对自己有过高的自我期望值，也就是俗称的自视过高。对自己有较高期望值是人上进的一种表现，但是高期望值需要个体付出更大的努力，有时即便竭尽全力，其结果仍有不确定性，自己仍无把握，导致自我期望值越高，与现实的冲突越激烈，产生的职业压力就越大。

最后，不同个体的人格特征不同，面对同一事件也会有不同的表现。例如比较有毅力、意志坚强、性格开朗豁达者，对人生持乐观主义态度，喜欢挑战，困难和挫折更能激发其斗志，在职业应激过程中会适应良好；胆小懦弱、意志薄弱、在困难面前感到无能为力的悲观主义者害怕失败，对心理应激适应不良，容易出现抑郁性紧张。

无论是外在因素还是内在因素，它们都相互交织、共同作用，只是对不同的人，其影响与作用程度各不相同罢了。

五、应对职业压力的模式

面对职业压力，每个人采取的应对态度是不相同的，主要分为以下三种：

（1）主动认知型：表现为从有利方面看待压力，认真总结吸取以往相关经验教训，思考多种变通方法。

（2）主动行动型：表现为向专家、内行或者信得过的前辈求教、咨询，采取积极的行动解决问题。

（3）被动回避型：表现为回避压力情境，自我封闭、自我忍受。在面对压力时通常会推卸责任、寄希望于别人。

从应对态度的性质上看，还可以分为以下两种：

（1）情绪定向应对：个体采用其内在的自我防御机制，以情绪体验和情绪表现为特征，如自我安慰、流泪痛哭、借故发火等。

（2）问题定向应对：指向压力源本身，如分析情境、思考方案、着手解决问题。

心理学研究表明，采用主动认知和主动行动模式会比采用回避模式更容易降低压力事件对身心的不良影响；问题定向应对比情绪定向应对更能减少身心症状和疾病。

六、应对职业压力的策略

根据以上理论，当你感到相当疲惫，或当你对目前的工作非常厌烦，以致不能顺利完成工作任务时，表明职业压力已经直接影响到了你的生活，你必须采取一些策略，主动调整自己。

1. 调整期望值

导致压力感产生的最重要原因是对工作内容、工作结果的期望值。主客观因素总会影响工作的结果，但如果你是一个追求完美的人，总是希望自己的工作做得很完美，那么你就要正视现实，调整自己的工作期望值，修正完美主义观。因此，给自己设的目标要与个人学识、能力、精力相吻合，争取客观评价自我；勇于从低处做起，调低自我心理期望值。过高的目标只能使人徒增压力感和挫折感。

2. 合理调整认知

首先要改变自己的认知。要以积极、乐观的态度看待、分析情境，既看到不利因素，也看到有利因素。例如，高强度的工作难度会使人感到紧张和压力，但它能让人充分发挥潜能、体现自身的价值，是促使自己不断自我发现、自我成长并开拓新领域的好事。否则，只看到苦、累、难，就会产生厌倦、惧怕、焦虑的负性情绪。改变自己认知的同时也要努力提高自己的职业能力。要与时俱进，不断吸收新知识、新信息，不断“充电”提高能力，使自己应对自如，是减轻职业压力的一个稳妥策略。

3. 避开压力源

寻找压力的来源，减少直接面对压力的频率和次数。例如对自己的职业生涯进行重新规划，找一个自己喜欢的岗位或者工作。一个人若从事自己喜欢的工作，必然兴趣盎然，乐在其中，往往很少会因为加班而感到厌烦。超长的工作时间和较大的工作压力变得不再重要，这份工作可以成为你生活的需要，让自己心甘情愿全身心投入，它甚至能令你生机勃勃，视工作压力为挑战、为刺激，充满工作的欲望，始终保持旺盛的精力和最佳的状态。

4. 改变个人行为特征

如果你天生是急性子，缺乏耐心，总想“多快好省”地做完事情，那么，要注意尝试新的行为方式，让自己生活得更轻松一些。

5. 合理运用心理防御机制

适当地运用心理防御机制（包括合理化、投射、否认、幻想、转移、升华等）可以减少焦虑、维护自尊。例如，面对分配中的不合理，最好的方式是让自己持淡泊的态度，追求一份心灵的宁静与开心，从而获得心理的平衡。

6. 借助社会支持

心理学研究表明，社会支持水平会直接影响个体的心理健康水平。社会支持水平越高，心理健康水平就会越高；主观幸福度越高，心理症状也就越少。朋友的支持是很容易达到的社会支持水平。当面对压力时，可以找朋友倾诉，与他们探讨压力情境，能得到认真负责的意见和真心的理解帮助。因此，拥有能够推心置腹、坦诚相待的挚友，是应对职业压力的一个有效手段。

7. 培养兴趣

以参加体育运动为例，体育运动不仅可以增强体质，还可消除压力反应中产生的荷尔蒙等物质、宣泄累积的不良情绪等。因此，体育运动会使人充满活力，精力充沛，状态良好，建议将其作为日常生活中的一部分。除了用锻炼释放工作压力外，还可以进行肌肉放松训练，可在遇到压力感到紧张时，通过肌肉放松来控制自己，即通过改变肌肉紧张状况来减轻或消除情绪上的紧张和不安，通过肌肉的放松来达到精神上的放松。此外，还可以通过栽花、养鱼、听音乐、唱歌、跳舞，或去登山、垂钓、郊游等，调节来自工作的紧张情绪，放松身心。

训练提升

课堂活动——拯救鸡蛋

1. 活动道具

鸡蛋、乒乓球。

2. 活动时间

10~15 分钟。

3. 活动过程

（1）实验探索，引出压力。

让鸡蛋和乒乓球同时从同一高度落下，高度越高，代表压力越大，下落的过程代表压力施加的过程。结果发现，鸡蛋下落后摔碎了，乒乓球下落后完好无损。

（2）总结压力调控能力的重要性。

从实验中我们可以看出，不同物体在面对压力时的反应不一样。同样，不同的人在面对压力时的反应也不一样，最终结果也不一样。

（3）小组讨论。

如何帮助鸡蛋从高处落下时不摔碎呢？（开启头脑风暴，想出尽可能多的方案。）

（4）分享交流，将方法类比为提升压力调适能力的方法。

1）落下的高度降低一些——适度的减压（宣泄、运动、看电影等）。

2）选择煮熟的鸡蛋——自身资源好（有规律的生活习惯）。

3）给鸡蛋加上防摔外衣或者在落地的地方加个海绵垫——社会支持（家人、朋友、老师）。

4）即使摔碎了也是艺术品——认知调节（关注当下，每件事都有它的意义）。

遇到压力自我调适的句式如下：

我遇到________________的压力，

当时我产生了________________情绪，

现在我为这件事情找到了以下意义：＿＿＿＿＿＿＿＿，

其实我有＿＿＿＿＿＿＿＿的优点，

我相信自己可以解决，我也可以＿＿＿＿＿＿＿＿（找谁）来帮我解决问题。

户外拓展——直视压力圈

1. 场地要求

空旷的、无阻碍的室外场地。

2. 活动道具

彩色笔若干、A4 纸若干张、节奏紧张的音乐。

3. 活动时间

30 分钟。

4. 活动目标

分析、寻找主要的压力事件；交流、分享缓解压力的有效方法。

5. 活动流程

（1）助手为学生分发套圈，播放准备好的音乐，成员组成小组进行套圈活动，在 5 分钟内完成套圈，决出优胜方。

（2）助手为成员分发彩色笔、A4 白纸。成员选择喜欢的颜色，根据游戏中感受到的压力填写“压力事件评估图”（详情见附件）。

（3）组织者指导成员观察自己的“压力事件评估图”，分析哪些压力是离自己很远的，哪些压力是自己想象的（不真实），删掉它们。由此筛选出自己最主要、最迫切的压力事件。

请成员自愿分小组交流分享：

话题一：我最主要、最迫切的压力事件是什么？

话题二：我自己尝试的解决方法是什么？效果如何？

话题三：小组总结 2～3 种有效解决压力的方法。

（4）小组推荐代表，在团队里交流分享，重点分享“有效解决压力的方法”。

（5）组织者小结：在安全的、温暖的团队里，释放我们的压力，本身就是一种疏导；在团队里，我们也可以学习他人的经验。另外，保持自己的生活节奏、适当地进行体育锻炼、平静地接受自己的压力，也是不错的释放压力的方式。

附件：压力事件评估图（见图 4－2）

使用说明：中间的“笑脸”代表自己，笑脸周围有若干“圆圈”代表你面临的压力事件。圆圈大小代表压力事件的大小，圆圈离“笑脸”的远近代表压力事件的紧迫程度。在圆圈里写上自己的压力事件。不一定所有的圆圈都要填写，根据自己的实际情况填写即可。

图 4-2 压力事件评估图

课后延伸

熊虫的压力①

有一种虫子，它的体长还不到 1 毫米，也许因为在电子显微镜下看上去像一头黑熊，所以人们叫它“熊虫”。以前人们只知道它是缓步动物门中的一类小动物，主要生活在淡水的沉渣、潮湿土壤以及苔藓植物的水膜中，而且在喜马拉雅山脉和深海都可以找到它的踪影。

然而，最近的科学研究却发现了一个惊人的现象：当 20 只熊虫被放入密封的容器内，在实验室制造的 75 万个大气压下，却只有两只死亡，其余 18 只安然无恙。75 万个大气压，相当于每平方毫米要承受 745 千克重物的压力，它足以让淀粉瞬间变形，生米顷刻成为熟饭。

在自然条件下，地球上也只有 180 千米的地幔深处才拥有如此巨大的压力。至今没有人能弄清楚熊虫为何有如此大的承受力。一个长度不到 1 毫米的微不足道的虫子，能承受这样大的压力，相比较而言，我们这些自称是高级动物、智慧生命、万物之灵的人呢？

在人类现实生活中，有多少小小的心结、小小的打击构成了我们所谓的“生存压力”呀？在这样的压力下，又有多少悲观失落之人看不到人生的美好？相比之下，我们的压力实在是微不足道。那一刻，我在心里默默地鞠了一躬。

压力有话说

我是你的“心慌口干”，是你对挑战的恐惧，对信任感的缺乏。

其实，你不了解我，我是传递喜讯的信使……

---

① 虫子的压力［EB/OL］．（2021-03-09）［2022-05-20］．https://wenku.so.com/d/68b956ff49fb70ac2dd444c44e9b9932．有改编．

我是你胃部的绞痛，是你微笑后无法言说的悲伤；我是你脆弱的腰背，是你的焦躁和疲劳。

其实，那是因为你常常否认我，压抑我，或是谴责我；你常想让我马上离开，潜回暗处，永不见光。

我希望引领你，回到内在，那个温柔的地方；在那里，你可以充满慈爱和真诚地拥抱你自己。

因为我的存在，我想请你改变饮食习惯，获得更多的睡眠，更加有意识的呼吸；

我会鼓励你看到更广阔的现实，更少担心生活的一地鸡毛；

我会请你探索人际关系中的伤痛和亲密纽带；

我是你的朋友，不是你的敌人，我并不想给你的生活带来痛苦和伤害；

你具有惊人的自我调节和修复能力；

你是如此心胸开阔，又复杂的生命啊！

一杯水的压力

有一位讲师正在给学生上课，大家都认真地听着。寂静的教室里传出一个浑厚的声音："各位认为这杯水有多重？"说着，讲师拿起一杯水。有人说二百克，也有人说三百克。"是的，它只有二百克。那么，你们可以将这杯水端在手中多久？"讲师又问。很多人都笑了：二百克而已，拿多久又会怎么样！讲师没有笑，他接着说："拿一分钟，各位一定觉得没问题；拿一个小时，可能觉得手酸；拿一天呢？一个星期呢？那可能得叫救护车了。"大家又笑了，不过这回是赞同的笑。

讲师继续说道："其实这杯水的重量很轻，但是你拿得越久，就觉得越沉重。这如同把压力放在身上，不管压力是否很重，时间长了就会觉得越来越沉重而无法承担。我们必须做的是放下这杯水，休息一下后再拿起，只有这样我们才能拿得更久。所以，我们所承担的压力，应该在适当的时候放下，好好地休息一下，然后再重新拿起来，如此才可承担更久。"说完，教室里一片掌声。

随着社会的进步，人们越来越忙，负担也越来越重。不妨在适当的时候放下负担，轻松一下，等调整好了状态再重新拿起。

我的职业素养心得

这节课，我收获了______________________________

____

____

____

____

____

____

本章练习

一、选择题

1. 优秀团队的特征不包括（　　）。

A. 目标明确　　B. 资源共享　　C. 沟通到位　　D. 不可衡量性

2. 下面关于团队合作的说法，正确的是（　　）。

A. 团队合作不重要　　B. 成功靠的是天赋，与团队合作无关

C. 团队合作是必要的职业素养　　D. 没必要进行团队合作

3. 以下属于优秀团队特点的是（　　）。

A. 不断成长　　B. 角色互补　　C. 价值观相同　　D. 以上都是

4. 为了顺利度过形成阶段，团队需要（　　），其中涉及团队成员互相介绍、了解团队工作和领导者对团队的期望。

A. 同舟共济　　B. 了解情况　　C. 精益求精　　D. 融入集体

5. “同舟共济”是震荡阶段结束时的成果，如果一个群体可以同舟共济，那么他们就开始变成（　　）。

A. 个人　　B. 一个团队　　C. 更加情绪化　　D. 更加困难

6. 时间的特点不包括（　　）。

A. 不可储藏性　　B. 不可替代性　　C. 不可复得性　　D. 不可衡量性

7. 下面关于时间的说法，正确的是（　　）。

A. 时间管理不重要

B. 成功靠的是天赋，与时间管理无关

C. 时间管理是必要的职业素养

D. 每个人的时间都一样，没必要进行时间管理

8. 以下属于时间管理影响因素的是（　　）。

A. 缺乏计划性　　B. 习惯性拖拉

C. 不会拒绝干扰　　D. 以上都是

9. 下列做法不符合番茄工作法原理的是（　　）。

A. 节约时间，一直工作不需要休息

B. 规划今天要完成的几项任务，写在任务清单里

C. 每工作一段时间，适当休息

D. 把大任务分解成小任务

10. 关于“断舍离”时间管理，以下描述正确的是（　　）。

A. 剪断浪费时间的念头与想法　　B. 舍弃浪费时间的琐事与杂物

C. 离开浪费时间的环境和场所　　D. 以上都是

11. 下面关于压力的说法，正确的是（　　）。

A. 在乐观的人身上不会出现压力　　B. 一旦有了压力，便没有办法摆脱
C. 有压力是很正常的事　　D. 有压力完全是因为自己想得太多

12. 以下不属于科学管理压力的方法的是（　　）。
A. 保持与朋友的经常联系和交往　　B. 积极参加体育活动
C. 调整自己的工作期望值　　D. 有压力了需要胡吃海喝

13. 长期处于压力下，会造成的职业心理问题是（　　）。
A. 认知障碍　　B. 人际关系不和谐
C. 焦虑抑郁　　D. 以上都是

14. （　　）是造成职业压力的客观因素。
A. 社会大环境　　B. 过高的自我期望值
C. 个体的认知评估　　D. 个人能力素质

15. （　　）是造成职业压力的主观因素。
A. 过高的自我期望值　　B. 社会大环境
C. 供职单位、部门的小环境　　D. 职场中的人际关系

二、判断题

1. 团队建设的五个阶段：形成阶段、震荡阶段、规范阶段、成熟阶段和解散阶段。（　　）

2. 团队建设的核心要素是灵魂人物、共同愿景、核心规则、管理体系和团队文化。（　　）

3. 优秀的团队不需要角色互补。（　　）

4. 团队协作的五大障碍是：缺乏信任、惧怕冲突、欠缺投入、逃避责任、无视结果。（　　）

5. 优秀的团队不需要授权清晰，也不需要目标明确，深入人心。（　　）

6. 时间可以储存。（　　）

7. 周围众多的干扰因素，是时间流逝的致命杀手。（　　）

8. 时间管理能力是与生俱来的，难以改变。（　　）

9. 对于他人的请求，我们应该都接受，不需考虑自身因素，这是对我们时间管理能力的考验。（　　）

10. 学会时间管理，我们应该摆脱拖拉的习惯，增强工作的计划性。（　　）

11. 压力的来源包括客观因素与主观因素。（　　）

12. 职业压力从应对的态度上看，有主动认知、主动行动和回避三类应对模式。（　　）

13. 面对压力时，回避模式能削弱压力事件所造成的不良影响。（　　）

14. 职业压力带来的只有危害，需要好好调解自己。（　　）

15. 因全球经济下行引起的就职困难带来的压力属于社会大环境带来的压力。（　　）

三、综合题

1. 请结合优秀团队特点、团队建设阶段、团队合作五大障碍的相关知识，给本章第一节“前车之鉴”中李凯的团队提出团队管理的建议。

2. 家杰是一名中职学生，他最近很困惑，感觉自己每天时间都不够用，每天都忙忙碌碌的，却什么事都做不好。

早上六点半，家杰原计划起来背考证题库，可是当他醒来的时候，他闪过了“再睡一会儿”的念头，这一睡就到了早操时间，计划中的“题库”任务没有完成。

早读课，家杰想把考证错题本好好看一下，可是他的课桌杂乱不堪。家杰左翻右翻都没找到他的错题本，好不容易从如垃圾堆般的抽屉里找出错题本，早读课却过了大半！

专业课上，老师讲完操作要点让同学们独立完成一份PS作业，下课就交。家杰边听歌边执行，下课铃响起，同学们都交了作业，家杰却连一半还没完成！

晚自习时间，家杰准备好好写写今天的实操报告，听到前桌在讨论游戏攻略，家杰也加入了讨论队伍，结果晚自习下课了实操报告还没有写好！

问题：请你根据所学的“断舍离”时间管理法，给予家杰时间管理上的建议。

3. 假如你是一个刚进职场的实习生，实习的公司在你所中意的地方。初来实习，你感觉什么事情都很新奇，公司分配了一名带你的老员工，他人很好，也很热心。但是最近你感觉自己很有压力，因为公司交给你的任务，做的时候总是会因为各种原因弄得很糟糕。

问题：

(1) 根据所学知识，你觉得造成你压力的原因是什么？

(2) 你需要如何解除你的压力，尽量把事情做好？

第五章

提升职业技能

第一节 有效沟通
——践行有效沟通，致力畅意职场

目标导读

知识目标：引导学生认识职场有效沟通的内涵、基本要素、原则等。

能力目标：学会职场语言沟通和非语言沟通的方式与技巧，提高沟通有效性和职场交际能力。

素养目标：在职场有效沟通，提高团队合作与服务意识，积极发挥职业人的奉献精神，共建和谐社会。

自我职业素养探索

你会与他人有效沟通吗？

本次测试共有10道题，请认真阅读，按实际情况作答，记录自己的做题情况，并根据选项分值表来看看你的职场沟通能力类型。

1. 你觉得沟通对达成目标有多少帮助？（　　）

A. 100%

B. 75%

C. 50%

D. 25%

E. 没有帮助

2. 当你有很重要的工作问题需要向同事请教时，你会（　　）。

A. 直截了当地问同事

B. 夸奖同事一番，最后再提一下问题

C. 不好意思当面问，在微信中提一下问题并道谢

D. 平日注重礼貌对待同事，带着问题目标，礼貌地向同事请教并记录

E. 不问，自己解决

3. 你认为哪种沟通的渠道最有效？（　　）

A. 面对面沟通

B. 短信、邮件沟通

C. 微信或微博等

D. 会议沟通

E. 电话沟通

4. 当你丢失了会议文件时，你会（ ）。

A. 直接告诉领导

B. 告诉领导，并表示懊悔

C. 告诉领导，在表示懊悔的同时说出你的解决办法

D. 不敢告诉领导，让同事转达

E. 等到开会时才说出来

5. 你认为沟通的最主要的优点是（ ）。

A. 提高效率并增进团队凝聚力

B. 更清晰地传达工作目标

C. 单纯地节省时间

D. 利用他人的资源来帮助自己

E. 维系员工关系

6. 讨论工作问题时，同事与你的观点分歧，你会（ ）。

A. 无论如何都要坚持自己的观点

B. 沉默不言，记录下来，找资料回应同事

C. 认真倾听，礼貌回应不合理之处，围绕问题讨论

D. 感到不知所措

E. 觉得很愤怒，与同事争吵到底

7. 同事在你认真工作时和你聊生活琐事，你会（ ）。

A. 无奈地听着，不打断同事

B. 放下手头工作，与同事闲聊下去

C. 很不耐烦地回应同事，表示自己很忙

D. 倾听一两句，礼貌回应，等下班再聊，先处理急事，望同事理解

E. 不理会同事，等同事自觉无趣，停止闲聊

8. 你对职场定位与沟通的理解是（ ）。

A. 一颗螺丝钉，默默无闻的小角色，沟通只为处理好人际关系

B. 认为人际关系很重要，积极沟通，达到事半功倍的效果

C. 上班混日子就好，沟通不重要

D. 职场新人，不会就讨教，多学东西

E. 职场新人，多听少说话，少得罪人

9. 遇到暴躁上司分配工作给你时，你会（ ）。

A. 人前应付工作，背后说领导坏话

B. 虽完成工作，但常常自己抱怨上司性格

C. 抱着无所谓的态度，只要把工作基本完成就行

D. 理性面对，认真完成工作，若上司提出不合理要求，礼貌地表达自己的观点

E. 觉得心情不爽，不想完成工作

10. 当你和上司的意见不一致时，你会（　　）。

A. 据理力争，坚定表现自己的立场，并且不自知地提高音量

B. 以柔克刚，尽量提出双方都能接受的解决方法

C. 连续争辩，如果不行就保持沉默，一切让上司决定

D. 上司那么凶，我根本不敢和他提出会引起争议的问题

E. 倾听上司意见，充分思考上司的想法，事后找资料提出更优化的方案

【计分与分析】

第一步：对照各题选项分值（如表 5-1 所示），根据你每题所选择的答案，计算对应每题的得分。

表 5-1　选项分值表

选项	第 1 题	第 2 题	第 3 题	第 4 题	第 5 题	第 6 题	第 7 题	第 8 题	第 9 题	第 10 题
A	5	2	5	3	5	2	4	2	2	1
B	4	4	2	4	3	4	2	5	3	4
C	3	3	3	5	2	5	3	1	4	3
D	2	5	1	2	1	3	5	3	5	2
E	1	1	4	1	3	1	1	4	1	5

第二步：统计你得 1 分、2 分、3 分、4 分、5 分的次数。

第三步：对照下面的结果分析，探索你的职场沟通能力类型：

（1）得 1 分最多者：自我中心型——不重视职场沟通与合作，以自我为中心，工作效率与人际关系不佳。

建议：端正对职场有效沟通的看法，尊重同事，重视沟通与合作，不断提升沟通技巧。

（2）得 2 分最多者：冲动鲁莽型——你想与同事或上司沟通，但因只想快速得到答案而不注重运用沟通方法，往往事与愿违。

建议：改掉冲动鲁莽的习惯，在沟通时不断自我提醒，切莫因冲动而进行无效沟通。

（3）得 3 分最多者：胆小怕事型——因职位不高，不敢过多沟通，生怕说多错多，因此降低了沟通的有效性。

建议：摆脱妄自菲薄的自我认识，学习沟通技巧，就事论事，练习胆量，让自己自信起来。

（4）得 4 分最多者：直截了当型——沟通目的过强，不能灵活使用沟通技巧，人际关系经营不佳，沟通效果逐渐减弱。

建议：充分认识有效沟通，不是生硬地低效沟通，耐心学习沟通技巧，努力经营人脉。

（5）得 5 分最多者：把握技巧型——善于把握沟通技巧，能灵活驾驭沟通，人际关系经营顺利。

建议：不断完善沟通方法，心存善念，以诚待人，积极做好工作，不忘初心。

前车之鉴

小王是公司销售部一名员工，工作一年多业绩就冲到了榜首。小王自认为工作能力胜过部门里的同事，越来越不把其他同事放在眼里，他想着自己工作能力这么强，和同事多说一句话都是浪费时间。但接下来的几个月，小王的业绩开始下滑，就在他苦恼之际，他发现同一部门的年长员工老陈总是和他过不去，有时候还故意在别人面前指桑骂槐，对跟他合作的工作任务也都有意让小王做得多，甚至还抢了小王的好几个老客户。

起初，小王觉得都是同事，没什么大不了的，忍一忍就算了。但是，看到老陈如此嚣张，小王心里很不是滋味，于是一赌气就告到了经理那儿。经理把老陈批评了一通，从此，小王和老陈成了冤家。

后面的工作中两人经常有交集，但因两人结怨，常常丢失客户，给公司带来损失，被经理批评责怪。小王想着长此以往也不是办法，但他觉得之前自己并没有做错什么，久久不愿意主动找老陈谈话。偶然一次公司聚餐，小王和老陈谈起以前的事，老陈坦陈因当时小王业绩比自己优秀而心存嫉妒，小王也承认当时业绩冲榜首时自己确实有些飘，对同事的态度语气有不对之处。两人说开后，握手成为合作搭档，销售部的业绩日益增长，冲破以往纪录。

【案例点拨】小王忽略了职场有效沟通的重要性，他应该考虑是不是老陈有了什么想法或者误会，才让他对自己的态度变得这么恶劣，他应该主动及时和老陈进行真诚的沟通，比如问问老陈是不是自己什么地方做得不对，让他难堪了之类的。任何一个人都不喜欢与人结怨，他们之间产生误会和矛盾之初，小王就应该及时与老陈沟通，这样很容易就会消除他们之间的误会和矛盾。但是小王直到忍不下去的时候才选择了告状。在这里，小王、经理、老陈三人犯了一个共同的错误，那就是没有坚持“对事不对人”，经理做事也过于草率，没有起到应有的调解作用，他的一番批评反而加剧了两名下属之间的矛盾。正确的做法，是应该把双方的误会消除，把心里的疙瘩解开，加强员工的沟通。我们每一个人都应该学会主动地沟通，真诚地沟通，策略地沟通，如此一来就可以化解很多工作与生活中的误会和矛盾。

素养感知

华为的沟通原则①

在华为，善于沟通不仅是项目管理的重要手段，而且是每个华为人的基本职业技能。

---

① 折子. 华为内部的项目管理之沟通流程［EB/OL］.（2019－01－28)［2023－03－17］. https://zhuanlan. zhihu. com/p/515550624. 有改编.

“沟通及时”是华为员工要遵守的首要原则。华为员工会将必要的信息在第一时间向利益干系人传达，以保证上下、平行沟通渠道的顺畅。

“信息准确”是华为员工沟通的第二条原则。无论是书面沟通还是口头沟通，华为员工都会准确地传达信息。为了保证沟通信息的准确性，华为员工会借助金字塔思维工具。在金字塔顶端的是综述，即表达观点、问题、看法和结论。然后，华为员工会针对上一级的内容一层一层地展开，直到信息足够准确为止。

最后，华为员工会严格控制信息传递的量，确保恰到好处，这是沟通要遵守的第三条基本原则。因为信息过多倾听者容易忘记，过少则降低效率。一般信息传递都遵守7±2 原理，因为人们的记忆广度大约为 7 个单位，过多或偏少都不适宜。

为了确保信息沟通工作的顺利进行，华为要求所有的工作人员在沟通中必须提前制订沟通计划，明确信息沟通的相关人、信息沟通形式、信息发放时间和发放方式等内容，并制定详细的信息发放日程表。

不过在此之前，华为员工首先会明确沟通的两个层面：一是针对项目组内部的沟通；二是针对与高层和顾客的沟通。然后，他们会明确以下问题：与谁沟通？为什么要沟通？他们需要怎样的信息？频率如何？沟通的目标是什么？用什么方式完成沟通？

分析这些利益干系人，确定他们的需要和期望是什么，然后对这些期望进行管理和施加影响，确保项目获得成功，最后确定沟通计划。沟通计划会说明待分发信息的形式、内容、详细程度、要采用的符号与定义，然后确定信息沟通的日程表。所有华为人都深知，沟通如此重要，它不仅是一项工作技能，而且是影响团队绩效的关键因素之一，每个人在工作中都必须充分重视它。

在华为，为了避免出现“听错”现象，公司要求员工掌握一项基本的工作技能——学会倾听。通常情况下，华为员工在倾听管理者安排任务时，都是按照备好纸笔、认真倾听、最终确认这三个步骤进行的。在管理者布置任务时，下属当时可能记得清清楚楚，可是正式开始工作时，下属可能会遗忘部分细节。这时，下属若再去向管理者确认，又担心给管理者留下工作不严谨的印象，同时也会打扰管理者工作。基于以上原因，华为的员工会事先准备好纸、笔，用来记录管理者的重要指示。

换位思考的沟通效果①

一名业务员因为公务来到一个陌生的城市，入住了一家宾馆。

在他退房时，服务员公式化地说：“你先在这里等一下，我们要检查一下房间，看看有没有东西损坏或丢失。”接着又冷冰冰地补充道：“几天前，有个客人偷走了浴室的毛巾，还有个客人把床单烧了个洞。”

这名业务员觉得对方是在含沙射影地鄙夷自己，是在侮辱自己的人格，于是，向对方提出了抗议，可是对方以“照章办事”为由，敷衍了事。此后，这名业务员来此地出

① 工作中的有效沟通案例有哪些？解决方案是什么？[EB/OL].（2021-08-06）[2023-03-16]. https://www.jingliren.org/tszt/248309.html. 有改编.

差再也没住过这家宾馆。

他在另一家宾馆感受到了截然不同的待遇。

退房时，服务员微笑着说："先生，请您稍等，我们去看看您是否有东西落在房间里了。"说得很含蓄委婉，但是她所表达的意思与上一家宾馆服务员所表达的是一样的。同样是检查房间有无东西损坏或丢失，但显然后面这位服务员的说话技巧要高明许多。因此，后来这名业务员每次出差来此地，都会选择这家宾馆。

通过这个案例，我们可以看出沟通的魅力对于他人所造成的影响。由于前后两位宾馆服务员的沟通态度与语言水平有差异，所以才会出现沟通上的问题。前面那位服务员的利益的出发点始终围绕在自身，没有顾及他人的感受，没有明确沟通目的。后面这位服务员则明显是站在对方的角度来思考，同样的目的，却让人听起来舒畅、顺耳，既达到了自己的目的，又巧妙地维护了对方的自尊，让人很容易接受。

知识链接

一、有效沟通的内涵

有效沟通是指成功地把某一信息传递给沟通对象，沟通对象能够作出预期中回应的整个过程。有效沟通的关键在于共情、愿意分享权力，并使用恰当的沟通礼仪，如有意识地努力传递清晰、直接的信息，认真倾听，即使出现争执仍保持礼貌和克制等。

职场的沟通主要体现在管理架构分明的正式组织中（如企业），有效沟通以工作任务为主要内容，通过下达指令、信息交换、达成共识，以此保证任务顺利实施，达成工作目标。

在职场上，常见的上下级沟通场景有八种：分配安排任务、探讨解决问题、督促工作进度、调动员工情绪、员工之间协调、贯彻上级意图、建立联络情感、统一思想行为。

不管是在校学习还是在未来的职场上，有效的沟通技巧都是我们每个人非常重要的一门课，学习沟通方法，不断练习打磨，灵活运用沟通技巧，建设良好人际关系，工作起来会事半功倍。

二、有效沟通的基本要素

1. 沟通心态

如果带着情绪去沟通，只会适得其反，不仅达不到预期的沟通目标，而且还可能会引起双方的矛盾，得不偿失。要想达成目的，就需要有针对性地进行沟通。

2. 沟通目标

任何工作都是有具体目标的，如果没有明确的目标，沟通只会是无效沟通。

3. 沟通标准

大部分业务都有自己的数据化标准，没有具体数据化的指标评价都是带有主观色彩的，不够客观。

4. 沟通方式

跨部门、跨领域的沟通，最忌讳的就是用自己专业范围内的专业术语去和对方沟通。

沟通不是为了展示自己的专业术语，所以为了提高沟通效率，使跨部门、跨领域沟通更加顺畅，沟通时尽量减少使用专业术语。

5. 沟通互动

每个人都是独立的个体，所以在沟通中，难免会有个人不同的想法和意见。每个人的想法不一定都是完美的。只有大家互相交流，每个人都把自己想说的话说出来，这样才能有比较，取长补短，互相补充，进而使方案不断优化，最终实现共赢。

三、有效沟通的基本原则

1. 确定说的是同一件事

有时候一件简单的事情，争论半天也没有任何结果，往往是因为双方说的根本不是同一件事情，如果说的不是同一件事情，那么无论如何沟通都不会有结果。这往往不是某一方的问题。例如，某人说的是市场营销方面的事情，另外一个人说的却是内部团队管理的问题，双方开始争论，但争论的事情从本质上来说，并不属于同一件事情，这样的争论自然也不会有什么结果。

2. 确定关键问题是同一个

沟通中，我们需要确定大家所关注的关键问题是不是同一个，如果不是，那么大家的力量就无法聚焦，自然也就无法解决问题。比如在探讨公司发展问题时，如果大家一致认为现阶段最大的问题不是市场问题而是公司内部团队管理问题，那么就可以明确接下来沟通的方向，并将话题限制在一定范围内。

3. 拥有共同的目标

有效沟通成立的前提条件是，大家拥有的目标是同一个，如果不是，沟通也常常会面临失败。职场中，我们也需要确定双方有着共同的目标，比如现阶段我们的目标就是留存，那么针对留存，各部门直至个人，就能有更加明确的分工及执行计划，但是如果目标不一致，沟通往往就会无效，导致力量过于分散。

4. 抛弃主观情绪

有效沟通中，务必抛弃各自的主观情绪，才能达到共同目标。一旦其中一方在沟通中带有主观情绪，沟通就会失败，可怕的是，在现实中，一旦其中一方带有主观情绪，很快就会导致另外一方也带上主观情绪，当双方都抱有主观情绪沟通时，沟通就会面临失败。

四、语言沟通技巧

作为一个高素质的工作人员，应该具备语言沟通技巧。

1. 语言精练抓重点

在职场中，一些不必要的话就不要多说，语言简洁、重点突出非常重要，特别是向领导汇报工作时，一句话就能说清楚的事情，就不要用几句话去说，这样别人听起来容易抓住重点，省时省力。

2. 理解对方的诉求

很多时候，职场中的沟通不会说得那么直白，所以有时候你需要去思考一下对方的真实诉求，这样才有进行下一步沟通的可能，沟通才能最有效。

3. 反复确认多询问

很多职场新人因为刚到一个新环境中，总是小心翼翼的，在安排工作时不敢发问，因此在真正做事的时候就会很茫然，只能浪费时间再次去确认。反复确认对方的问题、想法和需求，多问问题，不仅可以节省时间，还能帮助自己提高效率，做事也更有方向。

4. 牢记沟通的目标

在职场中，谈话的目的不外乎有以下几点：劝告对方改正某种缺点；向对方请教某个问题；要求对方完成某项任务；了解对方对工作的意见等。在谈话的过程中，应该时刻留意自己的目标不动摇、不改变，防止在谈话过程中偏离话题，否则沟通效率极低，且无法完成任务。

五、非语言沟通技巧

1. 尊重与同理心

与人沟通时，表现出同理心很重要。可以首先以体谅的心情说："我理解你的心情，要是我，我也会这样。"这样，就会使对方感到你对他的感情是尊重的，才能形成一种同情和信任的气氛，从而使你接下来的劝告或者安抚更有效果。

2. 强化眼神交流

眼睛是心灵的窗户，交流时尊重对方的首要表现，就是注视对方，通过真诚眼神的交流，让对方感到你的兴趣和交流欲望。例如，同事看着另一个同事说："咱们讨论下刚刚的方案？"但另一个同事眼神始终在电脑屏幕上，口中却敷衍答道："可以，看看怎么修改？"接下来，同事有些沉默。

3. 控制抵触情绪

很多人在听到和自己观点不同意见的时候，本能的反应就是抵抗。在这种情绪的带动下，就很难理性地分析对方的观点。这个表现往往在讨论会议中或者听到别人的批评意见的时候出现。不会与人沟通的人，往往的表现是，别人刚说完自己的观点，他就跳起来反驳，这样会给人非常不好的观感，让人感觉冲动、不理智，无法进行理性沟通。所以一定要控制好个人的抵触情绪，开口前大脑中先梳理自己要讲的话，切忌不假思索就脱口而出。

4. 注意肢体语言

在交谈中，肢体行为就是大家看到的，通过对方的姿态就能确定对方的态度。抱着双臂、背对别人跷二郎腿，都是封闭的姿态。两臂打开，面向别人跷二郎腿，都是开放的姿态。交流中的肢体语言，暴露出交流态度，在比较重要的聚会或谈判场合，要时刻关注对方的肢体语言，根据肢体语言的变化，进行谈话内容的变化，这样的沟通才容易成功。

5. 善用倾听技巧

沟通并不是一味地讲话给对方听，沟通是双向的，是讲和听的互动过程。因此，除了要会讲，更需要会倾听，这样才能达到沟通交流的目的。在倾听的时候要不时地点头作出反应，并道出"是啊""的确是"这样的反馈语气词。有时候即使对方讲的话题你不感兴趣但是你又需要和对方交谈下去，那你可以用眼睛看着对方的下巴那块倒三角区域，让对方感觉到你是在非常认真地听他讲话，这样你就可以有机会将话题引向你要讲的主题上去。

训练提升

课堂活动——谈话与倾听

1. 活动道具

小卡片、音乐播放器。

2. 活动时间

15～20 分钟。

3. 活动规则

(1) 发放小卡片，同学们在小卡片上书写自己的姓名和兴趣爱好，书写完毕全部交给教师。

(2) 教师播放一段轻音乐，在音乐时间内，同学们相互找到三个同学谈话聊天，注意倾听对方的聊天内容。

(3) 学生分享与自己聊天的同学的兴趣爱好，正确对应最多者获得“倾听能手”称号。

4. 活动启示

当别人在说话时，倾听者集中精神进入谈话话题中去，只有用心倾听者，才能记住对方说过的内容。

户外拓展——我说你画

1. 场地要求

空旷的、无阻碍的室外场地。

2. 活动道具

1 个计时器、两张样图（见图 5-1），每人一张空白卡纸和一支笔。

(a)

(b)

图 5-1 样图

3. 活动时间

45 分钟。

4. 活动规则

(1) 第一轮请一名志愿者上台担任“传达者”，其余人员都作为“倾听者”，“传达者”看样图 (a) 两分钟，背对全体“倾听者”，下达画图指令。

(2)“倾听者”们根据“传达者”的指令画出样图上的图形，“倾听者”不许提问。(期间老师走向台下的“倾听者”，通过观察找出其中有代表性的画法，如画得比较准确的和特别离谱的，现场拍摄下来，之后分享给大家。)

(3) 根据“倾听者”的图，“传达者”和“倾听者”谈自己的感受。

(4) 第二轮再请一名志愿者上台，看着样图 (b)，面对“倾听者”们传达画图指令，期间允许“倾听者”不断提问，看看这一轮的结果如何。

(5) 请“传达者”和“倾听者”谈自己的感受，并比较两轮过程与结果的差异。

5. 活动启示

第一轮与第二轮两张样图中的基本要素一致，但位置关系有所区别。

两轮中的“传达者”可以为同一人，也可以为不同的人。

邀请“倾听者”谈感受时要选择有代表性的，如画得比较准确的和特别离谱的，这样便于分析造成不同结果的多种因素，从而找到改进的主要原因。

课后延伸

表演大师解鞋带[①]

有一位表演大师上场前，他的弟子告诉他鞋带松了。大师点头致谢，蹲下来仔细系好。等到弟子转身后，他又蹲下来将鞋带松开。

有个旁观者看到了这一切，不解地问：“大师，您为什么又要将鞋带松开呢?”

大师回答道：“因为我饰演的是一位劳累的旅者，长途跋涉让他的鞋带松开了，通过这个细节可以表现他的劳累憔悴。”

“那你为什么不直接告诉你的弟子呢?”

“他能细心地发现我的鞋带松了，并且热心地告诉我，我一定要保护他这种热情的积极性，及时地给他鼓励，至于为什么要将鞋带解开，将来会有更多的机会教他表演，可以下一次再说啊!”

这位表演大师宁可多解一次鞋带，也要保护弟子主动沟通的热情，在职场的沟通中往往需要这样的精神。当职场同事好心提醒你某些问题时，即使知道自己没有错误，也要及时言谢，感恩同事的热情，经营好人缘。

---

① 水心_7902. 小故事大道理：鞋带 [EB/OL]. (2021-03-13)[2022-08-16]. https://www.jianshu.com/p/588974f64591. 有改编.

好书推荐——《关键对话：如何高效能沟通》[1]

这是一本由机械工业出版社出版的职场沟通主题图书，销量达 300 万册，被评为畅销图书，阅读该图书能够帮助你提升职场沟通能力与效果，以下是该图书的内容简介：

你一定遇到过下列情况：向上司提出你精心设计的方案，却被泼了一头冷水；要求下属加班，下属以沉默相对抗；和家人谈“开源节流”，他却只当是耳旁风；要邻居遵守公德，对方却依然我行我素；要你的另一半浪漫些，对方却还是像根木头一样；请朋友还钱，朋友却总是找各种借口推托。

当你遇到这些情况时，你是沉默以对，还是尖刻批评，抑或拍案而起？别觉得灰心丧气，因为大部分人和你一样，在面对难以解决却又会对生活产生重大影响的“关键时刻”，不是张口结舌不知如何应对，就是以强硬的方式解决，却在对方心里留下不愉快的阴影。

如今你不必烦恼了，《关键对话：如何高效能沟通》将帮助你以四两拨千斤的方式，利用各种沟通技巧，解决你生活中难以应对的各种难题，成就无往不利的事业并拥有更快乐的人生。

本书详细剖析了人们在沟通上常见的盲点，并提供了许多立竿见影的谈话、倾听、行动技巧，辅以丰富的对话情境和轻松幽默的小故事，帮助读者以最迅速的方式掌握这些技巧。

说得切中要点，让对方清楚知道你的看法，是一种能力；说得圆满得体，让对方自动反省，是一种智慧。运用本书提供的技巧，不论是多么难以应对的局面，你都能够以事半功倍的效率轻松面对。

我的职业素养心得

这节课，我收获了____

____

____

____

____

____

____

____

____

① 科里·帕特森. 关键对话：如何高效能沟通［M］. 北京：机械工业出版社，2012.

第二节 高效执行
——学会高效执行，成就精彩人生

目标导读

知识目标：了解高效执行力的含义、特点和影响因素，认识职场高效执行的重要性。

能力目标：学会高效执行的策略，提高工作效率，取得更好的工作业绩。

素养目标：树立高效执行、提升工作能力的意识，积极投身社会主义建设事业中，努力实现人生价值，成为更好的自己。

自我职业素养探索

你有很好的执行力吗？

执行力是职场非常重要的素质，想知道自己的执行力如何吗？请你根据自己的实际情况完成以下问题，在 5 分钟内完成，答案只需回答“是”或“否”即可。

1. 今天天气似乎要变坏，但出门带雨具又麻烦，你能很轻松地作出决定吗？（　　）
2. 做一项重要工作之前，你会为自己制订工作计划吗？（　　）
3. 你是否充分信任自己的合作者？（　　）
4. 对自己许下的诺言，你能否一贯遵守？（　　）
5. 你能在工作岗位上轻而易举地适应与过去的工作习惯迥然不同的新规定、新方法吗？（　　）
6. 你能直率地说出自己拒绝某事的真实动机，而不虚构一些理由来掩饰吗？（　　）
7. 辛苦工作之时，你是否会对自己计分评估？（　　）
8. 你认为自己勤奋而没有偷懒吗？（　　）
9. 为了公司整体的利益，你敢于得罪他人吗？（　　）
10. 做一项重要工作之前，你是否尽可能多地获取同学或同事建议呢？（　　）
11. 在团队中，你是否善于倾听？（　　）
12. 如果你了解到在某件事上领导与你的观点截然相反，你还能直抒己见吗？（　　）
13. 进入一个新的部门后，你能很快适应这一新的集体吗？（　　）
14. 对于一项执行困难的工作，你是否能全力以赴地执行使命呢？（　　）
15. 对于工作中不明白的地方，你会向领导提出疑问吗？（　　）
16. 你有能够顺利完成工作的自信吗？（　　）

17. 领导要你星期五下班后提交一套方案，到了规定时间，你发现自己的方案有不完善的地方，而且周末领导外出度假，你认为要等到下星期一再上交吗？(　　)

18. 你善于为自己寻找合适的借口来掩饰工作中的小错误吗？(　　)

【计分方法】

第1～16题回答“是”的，每题得1分，第17题、第18题回答“否”的，每题得2分，最后累计总分。

【你的总分】________________

【结果分析】

10分及10分以下：你做事往往拖拖拉拉。诸如一件工作，如果有人替你去做，你简直对他感激不尽，你使人觉得难以信赖，与你共事会很疲惫。也许对你来说，不做事才最逍遥，但在你拒绝做事或不负责任的时候，你也失去了一次成功的机会。

11～16分：你的执行力一般。工作中，你效率不高，但你也不会拖公司的后腿。也许你为自己在职场游走的能力而沾沾自喜，这就是你最大的缺点，千万别以为这样就会一帆风顺，要想有良好的工作业绩、获得升迁的机会，你就要发挥自己各方面的能力，尤其是要提升自己的执行力。

17～20分：你的执行力较好。你有较开阔的眼界与合理的知识结构，再加上你的果断与敬业，可以肯定的是，你是上司、同事们信赖的对象。如果辅以正确的执行方法，你肯定会有较高的工作效率，能够取得较好的工作业绩。

前车之鉴

小王是一家外贸公司的经理秘书。有一次，他所在部门的李经理第二天一大早要去外地参加一个信息会议，由于他的名片用完了，第二天开会又要准备一些名片，所以在开会的前一天，李经理把小王叫了过来，递给了他一个U盘，并告诉他，把U盘里的会议邀请函给打印出来，另外，还需要他去帮自己做一盒名片。

一天的时间很快就过去了，当李经理从案头抬起头看时间时，已经是晚上九点多了。为了看一下名片的质量，李经理打电话问小王把打印好的邀请函和名片放在哪里了，小王却说他还没去做。

李经理一听就急了，忙问小王U盘在哪里，并挂断电话拿上U盘就冲出办公室，到外面的街上找打字复印店去打印邀请函和做名片。但是，由于时间太晚，街上很多打字复印店都关门了。李经理只得一条街一条街地去找，找了几条街后，幸好有一家打字复印店由于给客户赶一份资料，还没有关门。

邀请函打印完毕，还要打印名片，店老板说时间太晚了，名片即使做也得第二天来拿。开会时间不允许，李经理百般请求，麻烦店老板加班，今晚无论如何把名片给做出来，为了节省时间，李经理还把名片内容简化了一些。经过再三请求，老板终于答应给李经理制作名片。

拿到做好的名片已经是3个小时后了，在回办公室的路上李经理尽量克制着怒火。

从外地开会回来后，李经理问起小王此事，小王却表示他很委屈，原因是李经理在给他交代做名片和打印会议邀请函时没有交代他急用，如果是李经理交代急用，他当时会马上去做的。李经理觉得小王说得也有道理，也就没有再责怪小王，但以后都不敢再交代给小王重要任务了。

【案例点拨】很多人都可以从小王身上看到自己的影子。表面上看起来，小王好像也有自己的理由：你又没有交代名片和邀请函要急用，这怎么能怪得了我？这就是典型的被动、应付式执行者的思维方式：你说什么我就做什么，你不说，我就不会去做。

如果小王在得知李经理的要求后，马上去打印邀请函和名片，及时把这件事做好，把名片及时交给李经理，也就不会出现后面的事情。一件小事，没有立刻执行，看似影响不大，其实已经反映出一个人的职场执行力如何，会对他今后的职场之路造成很大影响。

素养感知

实习生的高效执行

小明和小宇是互联网公司新来的实习生，经理因明天要去北京出差，所以让小明去火车站买火车票。小明接到任务后，马上出发。一个小时以后，小明回到了公司，他说："经理，不好意思，去北京的火车票卖完了！"经理问："那怎么办？我明天必须去北京啊。"小明低着头，小声说："票卖完了，我也没办法。"

后来，经理把小宇叫到办公室，还是让他去买火车票。小宇回到公司，小明急忙问小宇："小宇，是不是票卖完了？"小宇说："是，卖完了。"小明一听心里非常得意，心里暗自想着：经理，小宇不也没买到吗？

小宇同样到办公室报告经理。但很奇怪，不到五分钟，经理让小明进去。小明一进去，经理便批评小明说："你要学学人家小宇是怎么办事的。"小明一听非常纳闷：哪里不一样呢？不也是没买到火车票吗？这个时候，经理说：小宇总共列了两种方案：第一种，坐豪华大巴去，每人需要一百元；第二种，可以坐飞机去，机票 600 元/张。同时，小宇建议坐飞机，速度快，请经理指示！

看到这里，大家肯定都注意到了，面对同样的情况，不同的人有不同的执行方法，小明的执行和小宇的执行有什么区别呢？面对无票的问题，小宇积极思考，提出了多种解决方案，高效率地帮助经理解决了问题，得到了经理的认可和赏识。

没有执行力，再完美的计划都是空谈[①]

罗辑思维创始人罗振宇曾分享过他们团队的工作心得："做一件事，它到底靠不靠

---

① 叶超群．没有执行力，再完美的计划都是空谈［EB/OL］．(2018－11－02)［2022－07－01］．https://mp.weixin.qq.com/s/WzFr0vypMPjuqIUuqe2nHw．有改动．

谱，你坐在家里想是没用的。我们的风格就是，不管三七二十一，主意出来大体觉得靠谱，就先干起来。”

他们公司推出了一本关于经济学的新书，在商量发布会的地点时，同事潘达半开玩笑地说：“我觉得接地气点，菜市场吧，哈哈。”

本来就是为了活跃气氛，没想到大家全都当真了。同事们纷纷表示，这个想法太棒了。

于是谁提出的谁干，潘达莫名其妙地就接下了一个几乎不可能完成的任务——一个月内，找到合适的菜市场，举办“菜市场遇见经济学”艺术展。

这时候，换作一般人，第一反应也许是：“这……这怎么可能?”

而潘达不一样，虽然她还不清楚怎么做这件事，但她马上就开始着手做必须做的事，比如找菜市场负责人聊合作的可能性，找能接触到的艺术家聊这次展览的创意。

在做这两件事的过程中，她渐渐知道了组织这场活动的大体方向。

最后的结果出乎所有人的意料，她谈下了世界范围内享誉盛名的北京三源里菜市场，并请到八位当代艺术家到现场做展。

不仅如此，她还说服摊主们进行 Cosplay，一个卖牛肉的大姐扮演亚当·斯密，卖蔬菜的大叔扮演李嘉图……

这中间当然有非常多的挫折、失败。但回过头看，这件事最终能取得成功，最大的功劳无疑来自潘达的工作习惯：先行动，边做边瞄准，边做边完善。

知识链接

一、执行力的含义

执行力就是在既定的战略和愿景的前提下，组织对内外部可利用的资源进行综合协调，制定出可行性的战略，并通过有效的执行措施最终实现组织目标、达成组织愿景的一种力量。

二、执行力的分类

执行力分为个人执行力和团队执行力。

1. 个人执行力

个人执行力是指每一单个的人把上级的命令和想法变成行动，把行动变成结果，按时完成任务的能力。个人执行力是一个人获取结果的行动能力，它取决于工作个体是否有良好的工作方式与习惯，是否熟练掌握管人与管事的相关管理工具，是否有正确的工作思路和方法等。

2. 团队执行力

团队执行力是指一个团队把战略决策持续转化成结果的满意度、精确度、速度，它是一项系统工程，表现出来的就是整个团队的战斗力、竞争力和凝聚力。团队执行力就是将战略与决策转化为实施结果的能力，就是当上级下达指令或要求后，迅速作出反应，将其贯彻或者执行下去的能力。

三、高效执行力的含义

高效执行力通常用来表达个体或者团队在接收到上级下达的命令后，对该任务的执行程度与质量检测。对于身处职场的个体来说，高效执行就是对于团队或企业布置的任务排除困难，坚决执行；面对团队或企业制定的规章制度，努力按照制度执行任务，在保证任务质量的前提下，以最高的效率完成，快速行动。高效执行要求我们在职场中有非常良好的执行力。

执行任务有三重境界。第一重境界：交代的任务，随随便便就做完了，出了问题再说。第二重境界：交代的任务，及时完成，反复检查，结果不错。第三重境界：交代的任务，及时完成，结果不错，同时，还发现了新的问题，或可以优化的流程，写出具体解决方案，交给领导。在职场中，要努力做到第三重境界，这样才是高效执行。

四、高效执行力的标准

学会高效执行，成就精彩人生

高效执行力有“三快”“三好”的标准。

1. 行动快

执行力首先要做到的是，接到任务后马上去做，而不是“稍等一会儿”“等我不忙了”。行动快，不是口头答应的“行”，而是嘴上“行”和脚下“行”相结合。

2. 速度快

执行力是讲究速度的，速度快的含义是“速度第一，完美第二”。

3. 反馈快

反馈就是报告你的执行结果。有工作就一定要有反馈，反馈得越快，工作效率就越高。反馈快要求在执行过程中及时请示和沟通，任务完成后马上总结和汇报。

4. 心态好

心态好包括两个方面：一是接受任务要有一个积极的态度，不能讲理由、要条件，没有好的心态，勉强执行，效果会大打折扣；二是执行过程中要保持乐观的态度，面对困难不能牢骚满腹。

5. 方法好

方法是高效执行力的保证。坏的工作方法会出力不讨好，越出力，越偏离原来的目标。做事不动脑子，绝不会有高效执行力。要想提高执行力，一定要有高效的工作方法做指引。

6. 效果好

除了保质保量完成任务，还要干出业绩，体现价值。

五、高效执行力的影响因素

学会高效执行，对每个人的职业成长至关重要。然而，在现实生活中，许多看似完美的计划，都被形形色色的借口所阻拦，难以落地执行。影响我们高效执行力的，主要有以下几个因素：

1. 习惯性拖拉

很多人都有拖延的习惯，比如，玩一会儿游戏再写作业吧，刷一会儿剧再去运动吧，先看一会儿抖音再去拜访客户吧……

2. 缺少计划性

对于平时的学习或工作，很多人缺少计划性，领导让做什么就做什么，自己从来不去计划。

3. 太追求完美

很多人都追求完美，每一个计划都要定得非常完美。不肯开始，不愿执行，有一个重要的原因，是担心自己做得不完美，达不到当初确定的目标。

4. 干扰过多

现代社会中，每个人都会面对很多诱惑，导致我们的学习和工作受到很大影响，职场亦是如此，执行力易受外界因素的干扰。

5. 强调理由

工作中发生问题的时候，我们总是习惯于先找借口，先反驳，先辩解，先回避，这些都是没有执行意识的典型表现，更是执行力不高的典型表现。

6. 说得太多，做得太少

我们可以回想一下，在以往的部门协作中，我们往往会评价与我们合作的部门这里没做好、不应该那样做，等等，但很少能反过来对照自己，想想自己应该怎么做、哪个地方做错了或哪个地方应该更完善，对于自己或本部门的工作，有一部分人说的比实际做的要好。所以，我们应该调整习惯，做多、说少，用别人对照自己，反思自己。

六、提高执行力的六大策略

无论是企业、团队，还是个人，无论拥有多么完美的计划、方针、战略，如果不去执行，结果都是零。想要成事，想要成功，掌握以下六大策略，学会高效执行，能让你事半功倍。

1. 化繁为简，细分目标

把复杂的任务分解成一个一个的阶段性任务，当一个长期目标被细分成许多短期目标时，执行难度会大大降低，内心的抗拒也会随之减轻。

对所有任务合并同类项：紧急又重要的事，马上集中处理；不紧急但重要的事，忙完手上的工作后马上处理；紧急却不重要的事，随手处理；不紧急不重要的事，慢慢处理。

2. 主动负责，坚持到底

要用主动的态度完成任务。不仅领导要求的会做到，领导没有要求的，只要是有利于把事情做得更好的，都要主动去做，这种主动的态度是个人执行力快速提升的法宝。

不管任务多困难，不管任务多艰巨，都要认准目标，坚持到底。很多人遭遇失败不是因为才华、能力不够，而是不够坚持。遇到困难，他们马上就退缩了，没有坚持下来。当你脚踏实地去做事情，遇到困难就想方设法去克服，成功自然会来到。

3. 制订好计划，做好准备

一个高效的执行者永远不会等到问题出现了才去想办法补救，他会把所有的问题都想在前面，提前做好准备。

4. 今日事今日毕

今天的任务，一定要在今天完成，不要留到明天。在接到一个任务之后，不要找借口找理由，不一拖再拖，而是立即行动，有的事情看起来很难，甚至不可能完成，其实只要行动起来，走出第一步，后面就变得容易了，在做的过程中，你的信心和灵感都会随之而来。

5. 保持良好的沟通

在执行任务的过程中，我们一定要和团队成员、主管领导等保持良好的沟通，随时汇报工作进度，说明自己遇到的困难。这样既能得到及时的帮助，又可以保证自己的工作效果。

6. 定期复盘，总结经验教训

及时总结经验教训，可以为以后的工作提供参考，避免再犯同样的错误。每一次执行都是一次体验和学习的过程。

七、巧用5分钟起步法

执行力最大的敌人就是拖延症。卡尔顿大学的心理学研究小组发明了一种应对拖延症的绝佳方法——5分钟起步法。

具体做法是：当你在脑海里计划好一件事时，先丢开所有乱七八糟的借口，拿走各种各样的诱惑源，什么都不要想，立刻投入地去做5分钟。

比如：我们准备写工作报告，想想要拖延时，要强迫自己打开文档，先写5分钟再说；我们准备健身减肥，先跑5分钟再说。

刚开始做一件事情时或许会有点难熬，但逐渐进入状态后，就会发现继续下去好像也不是什么大问题。要知道，万事开头难，不要多想，不要顾虑，先干起来，你就已经赢了99%的人。

开始行动前，先给自己一个5分钟的高度集中精神工作的时间，全力以赴，迅速进入工作状态。由于限定的是5分钟，心理焦虑就不会很严重，反而会很快把工作状态调动起来。拖延大多是心理焦虑造成的，而仅限定5分钟的工作时间，从一开始就没有焦虑，可以帮助你迅速进入状态。

5分钟起步法的优点：5分钟起步，不管多复杂的任务，我们都可以先做起来，这样可以帮助我们克服拖延心理，面对任务可以立刻执行。行动起来，相信这神奇的5分钟会给你更多惊喜。

训练提升

课堂活动——我立刻做

1. 活动道具

计时器、纸、笔。

2. 活动时间

5～8 分钟。

3. 活动规则

（1）请同学们拿出一张纸，在上面写一件你最想做并且很快就能做到的事情。

（2）写出后，请同学们分享一下：为什么想做这件事？之前有哪些因素阻碍我们去做？

（3）如果可以，直接在教室里完成。比如，把黑板擦得干干净净、和闹别扭的同学说一句对不起、把英语作业马上完成、把书桌整理得干净整洁，等等。

（4）在课堂上没法完成的，同学们可以在课后完成。例如：在班级微信群上设置打卡，完成后分享感受；在同学自己的社交媒体上分享图文、视频等。

4. 活动启示

在我们的学习和生活中，很多时候我们都喜欢拖延，不愿意很快去完成。这个活动，就是请同学们感受一下什么是立刻去做。希望大家都能改变以往的一些不良习惯，有意识地培养自己的执行力。

户外拓展——穿越电网

1. 场地要求

空旷的、无阻碍的室外场地。

2. 活动道具

1 个计时器、细绳子或专业器材。

3. 活动时间

90 分钟，分两轮。

4. 活动规则

（1）按班级人数分好组，一组以 8～10 人为宜，活动开始前，各组抽签确定活动顺序。

（2）在全体队员面前悬挂一张“电网”，网上的洞口大小不一，要求队员在规定时间内，从网的一边依次通过到达另一边。在此过程中队员身体的任何部位都不允许碰网，否则洞口将被封闭，每一洞口只能用一人次。在抬人通过洞口时被抬者面部要朝上；项目进行过程中不可以说话；违反以上任意一条，项目重新开始。

（3）每一组活动结束后，有 10 分钟的休息时间，各小组成员此时可以商量对策，再继续下一轮。

5. 活动启示

先要确立方案，明确分工，有效的组织才能高效执行，这是团队成功的关键。活动时，队员之间相互协调和齐心协力地操作，才能保障计划的顺利实施。每个人都执行原定的计划，才能保证团队顺利通过。

课后延伸

哥伦布：我已经动手做了，而你们没有

航海家哥伦布发现新大陆后，有些人对他的成就不屑一顾。

在一次聚会上，有位贵族口出狂言："发现新大陆不过就是坐着轮船一直往西走，任何人这么做，都会有这个微不足道的发现。"

哥伦布听后，并没有表示出丝毫的尴尬，而是拿起一个鸡蛋问所有人，谁能使鸡蛋的小头朝下，竖立在桌面上。

大家多次尝试，却没有一个人成功。哥伦布拿起鸡蛋，往桌上轻轻一敲，鸡蛋便稳稳地竖立在了桌子上。

那位贵族不服气地说："把鸡蛋敲破当然可以竖立起来，我也能做到。"哥伦布微微一笑，说道："是的，世界上有很多事情做起来都非常容易，不过最大的差别就在于，我已经动手做了，而你们却没有。"

的确如此，生活中很多人空有思想，缺乏的是说干就干的魄力。

好书推荐——《致加西亚的信》①

《致加西亚的信》作为一部经典励志作品，作者通过寥寥数万字，道出了很多职场应该具备的精神：对待工作，永远保持高效执行的态度；对待公司，把敬业变成习惯；对待老板，忠诚是第一准则；对待自己，必须有绝对的自信。

《致加西亚的信》中讲了这么一个小故事：

两国战斗打响，有一方需要立即与加西亚将军取得联系。但是问题来了，加西亚将军在古巴丛林的深山里，没有人知道他确切的藏身地点。

在这种情况下，有人推荐了一位年轻的陆军中尉罗文。受命于危难之际的罗文长途跋涉，穿过枪林弹雨，躲过明岗暗哨，历尽千辛万苦，最终将信交给了加西亚，完成了任务。

不管难度有多大，有多艰难，坚决完成任务，这是一名优秀军人身上最为显著的特质，总结起来就四个字：执行力强。

---

① 哈叔．什么才叫执行力强？这就是答案！[EB/OL]．(2021-10-01)[2023-03-06]．https://mp.weixin.qq.com/s/VkBlDQcbhSc32F-G2tvzlg．有改编．

其实，不管什么身份，执行力强的人都有这样的特质，他不会在困难面前轻易缴械投降，一旦有了目标，就会一直朝着目标前进。

穷和尚与富和尚的故事

清代彭端淑在《为学》中曾写下这样一段故事：

一穷一富两位和尚都想去朝圣。

穷和尚对富和尚说："吾欲之南海，何如？"

富和尚问："子何恃而往？"

穷和尚回道："吾一瓶一钵足矣。"

富和尚听后，说："吾数年来欲买舟而下，犹未能也。"

第二年，穷和尚去了南海并顺利返程，而富和尚依旧在筹备自己心之所念的船，仍未动身。

天下之事，总是困于想，而破于行。要知道，取得成功的最简单的办法，唯有立刻行动。

与其陷入"想做但不确定结果如何"的纠结中，不妨让自己先做起来，前行路上，答案自然会随着时间慢慢呈现。

我的职业素养心得

这节课，我收获了____

____

____

____

____

____

____

第三节 进取学习
——培养学习思维，提升职业素养

目标导读

知识目标：了解进取学习的内涵与动力基础，认识进取学习对于提升职业技能的重要性。

能力目标：掌握 OKR 工作法，学会制定学习目标和分解学习任务，能够在逆境中自我激励，在顺境中精益求精。

素养目标：树立大国工匠精神，积极进取，热爱学习，不断提高和优化职业技能，成为社会主义建设事业需要的高素质技术技能型人才。

自我职业素养探索

学习进取心测试

本测验共 28 道题，每题有 3 个备选答案：A. 很符合自己的情况；B. 有点符合；C. 完全不符合自己的情况。

请仔细阅读每一道问题并如实回答：

1. 在学习上碰到阻力或困难时，不改变既定的主意。
2. 凡事求平和，不出乱子，过得去。
3. 在正当的学习和生活竞争中，总想争个高低，比比强弱。
4. 为人处世不大触及是非，甚至躲避是非。
5. 相信事在人为，人定胜天，不愿顺其自然。
6. 有矛盾时往往采取让一让的态度。
7. 别人能办到的事，坚信自己也能办到。
8. 在两难问题面前，往往是取功效小但难度也小的方案。
9. 礼要守，但事也要办，礼服于事。
10. 讲礼貌和周到，宁愿把事情办得慢一些。
11. 对班级内能办而不想办的事敢于挑刺。
12. 讲恭敬和温和，把批评降低到最低程度。
13. 为实现某个理想目标，不怕吃苦，以苦为乐。
14. 只讲待人以诚，连必要的防卫也忽视了。
15. 不怕打击，敢于孤立。
16. 凡事只求规范，不办出格的事。
17. 在困难面前有忍耐和承受的意志力。
18. 事不关己，高高挂起。
19. 有独到的见解，没有成见，在有些人眼里是个骄傲的人。
20. 怒而不争，总是以和为贵。
21. 不安于现状，总想改变点什么，在有的老师看来是不大安分的人。
22. 只管三尺门里，不管三尺门外。
23. 对力量有一种崇敬的感情。
24. 不求有功，但求无过。
25. 对强者有一种敬意。

26. 学习上爱和差生相比。

27. 有点倔强、坚持和抗争的脾气。

28. 认为当将军和元帅是和自己不沾边的事。

【计分方法】

奇数题选择 A 计 2 分，选择 B 计 1 分，选择 C 计 0 分；

偶数题选择 A 计 0 分，选择 B 计 1 分，选择 C 计 2 分。

将各题分数相加，算出总分。

【你的总分】________________

【结果分析】

（1）总分在 50 分及 50 分以上：你的进取心非常强，是一个目标非常清晰，追求进步，做事精益求精的人，性格偶尔有些倔强和执拗，容易“不撞南墙不回头，不到黄河不死心”。

建议：树立积极向上的、正确的人生目标，加上你的决心和毅力，想不成功都难哦！

（2）总分在 41～49 分：你的进取心较强，做事会有自己的规划，喜欢做有意义的事情，自信而且有执行力，是一个善于学习的人。

建议：集中精力办大事，坚持自己的选择和决定，并持之以恒地努力，成功就在不远处等你哦！

（3）总分在 28～40 分：你的进取心一般，在工作和学习上容易受他人和环境的影响，需要提醒和督促，在努力学习的环境中，你的上进心会得到激发，而在松懈懒惰的环境中，你可能会得过且过。

建议：近朱者赤，近墨者黑，多和积极进取的人交往，你会有更多的进步哦！

（4）总分在 27 分及 27 分以下：你的进取心较差，得过且过，容易迷失自我，很少有成就感，缺少前进的动力。

建议：多看些励志的书籍，多观察身边积极努力的人的生活方式，从中获取力量。也可以尝试给自己树立一些小的目标，比如：每天背诵一首诗，并给予自己一定的奖励，感受进步带来的快乐。

前车之鉴

我叫小凯，几年前从一所大专院校毕业。大专三年我浑浑噩噩，经常在宿舍玩游戏、看动画。毕业那天，我觉得好日子到头了。

毕业的前半年，同学们都在忙着找工作，而我则得过且过，抱着无所谓的心态，天天躲在宿舍睡到自然醒，实在睡不着就开始打游戏。最开始我也参加了两场面试，但都没有通过，这可能和我缺少实习经历以及成绩较差有关。经历了面试的失败之后，我对找工作产生了恐惧又自卑的心理。我害怕与面试官的眼睛对视，害怕他们看透我懒惰颓废、不学无术，我自知没有学到任何专业知识，没有勇气胜任任何工作，面试的时候我连嘴唇都在发抖。

转眼两年过去了，身边的同学陆陆续续地找到了工作，完成了从学校踏入社会的角色转变，而我依旧没变，我将战场从学校搬到了家里，继续过着睡觉、打游戏这样一成不变的生活。看着母亲每日以泪洗面，父亲唉声叹气，亲戚背后议论我是一个“啃老族”，我越发抬不起头，也越来越不愿意出门。偶尔打开朋友圈，看到大学室友小君现在在做销售员，每天在朋友圈发自己带货的视频，充满着朝气。我不由得想起我们一起读书的时候，他每天早上都会起来读英语，上完课后都会去图书馆学习，各类比赛都有他的身影，成绩永远都是名列前茅，还拿到了专业唯一的优秀实习生。一想到这些，懊悔的眼泪忍不住在眼眶里打转。唉！我们曾经都是一个起跑线上的同学，如今的差距却越来越远。

【案例点拨】树立积极进取的人生态度，刻苦求学，精益求精，提升专业能力，才能取得社会意义上的成功，实现自我的人生价值。案例中的小凯过着漫无目的大学生活，每日打游戏、睡觉，好逸恶劳，不学无术，找工作时处处碰壁。而室友小君，上学期间就努力学好英语和专业课，并通过比赛、实习等实践活动学以致用，积累了社会经验，毕业之后，在工作岗位上崭露头角，收获了自己的事业。两位同学的经历说明：积极进取、认真务实地对待自己、社会和生活，才会拥有精彩的人生。

素养感知

从失聪少女到清华博士：乘风破浪，奋力进取

从失聪少女到清华博士，江梦南凭借优秀的学习成绩，乘风破浪，实现了人生的逆袭，获得2021年度“感动中国人物”称号。

江梦南是药物性耳聋患者。通常耳聋患者只能上聋哑学校，难以与身体智力健康的人竞争，考上普通大学都是鲜有耳闻的，而这个女孩却用实际经历告诉我们：一个积极进取的人即便被剥夺了听力，依然可以上常人能上的大学，甚至能上顶级学府！

江梦南半岁时因肺炎高烧不止，又遇医生操作失误导致双耳失聪。为了教会年幼的女儿学会说话，江梦南的父母必须把她的手放在喉咙上感受声带的震动，放在嘴巴上感受气息的变化，通过无数次练习，形成“肌肉记忆”。父母的爱心与耐心，江梦南的刻苦努力，使她在无声的世界里终于学会了发出自己的声音，学会读唇语。

可是，学会了说话和读唇语的江梦南依旧无学可上，没有一所正常的小学愿意接受一个失聪儿童。

同龄人都上了小学，江梦南却又回到了学前班。功夫不负有心人，父母的坚持和执着终于让一所小学破例招收了她。上了小学的江梦南靠读老师的口型“听课”，一个字，念一万遍，直到这个字彻底融入她的肌肉记忆，甚至，为了补上学前班多读的那一年，她在四年级暑假自学了五年级所有的课程。凭借惊人的努力和意志力，她的成绩一直名列前茅。

小升初时，她以全市第二名的成绩升入高中，第一次参加高考，总分成绩虽然超过一本线，可她觉得自己没有发挥好，又复读了一年，正常的孩子经历一次高考都“伤筋动骨”，更何况没有听力的江梦南。终于，江梦南第二次高考以615分的高分被吉林大学药学院录取。就这样，好强的江梦南一路以优异的成绩考上吉林大学的本科、硕士，并考上清华大学生命科学学院博士。

因为失聪，江梦南也感受过他人异样的眼光，但她说：“我从来没有因为听不见，就把自己看成一个弱者，我相信自己不会比别人差。”她知道自己一定要马不停蹄地向前奔跑，通过为自己制定目标，并付出全部努力一个个去实现。她最终实现了自己的人生理想，成为父母的骄傲。

用自身的努力和积极进取对抗命运，这才是强者心态。

进取学习让厂妹华丽转身

孙玲，从深圳厂妹到谷歌程序员，从高考落榜生到深圳大学毕业生，从月薪3000元到年薪百万元，她是如何一步步实现逆袭的呢?

孙玲出生在农村一个贫困家庭，从小就要在农田帮忙干活儿，分担家务。因为经济原因，她两次被迫辍学，最终高考失利，成为南下务工人潮中的一员。孙玲的第一份工作是在一家电池厂的流水线检测电池。工作了一年之后，孙玲想去厂外的世界闯一闯。

有一天，孙玲在街头的海报上看到了一则编程培训班的招生广告，尽管学费不够，她还是决定去报班。她周一到周四去上培训班，其他时间就打零工挣生活费。孙玲从没用过电脑，她只会用一根手指敲击键盘，大部分时间她都在练习打字。第一期结束后，孙玲不得不休学去赚取学费。但她没有放弃学习的梦想，后来又找到了一家可以分期付款的培训机构继续学习编程，毕业后在深圳一家技术公司找到一份文员的工作，完成了从厂妹到文员的第一次转变。

从流水线跳到办公室后，孙玲没有放松下来，她还想要提升自己的学历背景。通过互联网，孙玲报考并完成了大学计算机专业远程教育课程，拿到了大专文凭，之后又花了一年时间完成了专升本的课程。同时，她还报了英语培训班，英语培训班的学费对她而言是一笔巨款，但她还是通过分期付款完成了学习，从高考英语89分到通过了大学英语四级考试。在学习英语的过程中，孙玲萌生了“去国外看看”的想法。

不久，孙玲申请了美国一所学校的计算机硕士项目。学费要10万元，而她的银行卡上只有不到1万元。于是，她开源节流，在7个月内，不仅攒够了钱，雅思也考到了5.5分，顺利地坐上了去留学的飞机。

2018年，孙玲毕业了，她决定留在美国找工作，经过两个月60余场面试，孙玲被某公司录取，年薪9万～12万美元。好景不长，孙玲父亲突然病重，于是她放下手头的工作，紧急回国。父亲离世了，孙玲也没了工作，一切又要重新开始。孙玲重新投入到找工作的大军中。正如她所说的：我早就习惯了接受不能改变的，改变可以改变的。2022年，孙玲通过了新公司的面试，年薪近百万元。

人生总是充满着未知和考验，只有积极进取的人才能过关斩将。孙玲用自己的坚强和进取改变了命运，走向了成功的彼岸，也给我们树立了学习的榜样。

知识链接

一、进取学习的定义与内涵

进取学习包括很多方面，本书中指个体积极追求人生进步。“进取”和“学习”两者紧密相连，“进取”是指个体以积极向上的态度对待自己、他人与社会，过去、现在和未来。“学习”是指个体由反复经验引起行为或行为潜能的相对持久的变化。“学习”需要以“进取”的心态为指导，才能取得好的学习效果，而“进取”的心态需要通过“学习”付诸实践才有意义。进取与学习相互交织，缺一不可，是我们提升职业素养，收获学业成功，实现人生价值必不可少的素养品质。

进取学习是一种优秀的学习品质，也是一种正向的精神和态度，是非智力因素在学习活动中的体现。进取学习的内涵包括以下五个方面。

1. 学习成长

人本主义心理学家马斯洛在需求层次论中提出：个体有自我实现的需要，比如，进取学习者为了取得进步，超越自己，会在学习职业技能的过程中反复练习直到完美。

2. 人际关系

进取学习还包括个体与他人建立相互理解、帮助和支持的人际关系，从中获得前进的心理力量，掌握科学的学习方法。正如孔子《论语》中所说：“三人行，必有我师焉。”构建良好、健康的人际关系也是进取学习的重要内容。

3. 坚强意志

困难、挫折在现实生活中必然存在，进取学习者在面对逆境时是坚忍不拔、迎难而上、越挫越勇的。一个人有了坚强的意志，才能在学习活动中克服重重困难，取得优异成绩。

4. 自我效能感

班杜拉提出的自我效能感是指人们对自身能否利用所拥有的技能去完成某项工作行为的自信程度。一个积极进取的人通常具有较高的自我效能感，相信自己能够取得成功，对学习结果抱有积极的心理期待。

5. 目标管理

进取学习者会根据学习情境设定适宜的学习目标，在不同的阶段以不同的目标为导向，促进自身的成长，并评估目标实现所要付出的努力，定期复盘和自省。

二、进取学习的动力基础

职业类学生在提升职业素养的过程中会受到学习动机的影响和推动。学习动机是指激发个体进行和维持学习活动，并使学习行为朝向某一目标的内部心理状态，影响学习过程和学习结果。进取学习就是一种促进学生学习的正向、积极的学习动机。

这里列举两种学习动机的分类：

(1) 根据与学习活动的关系，学习动机可以分为近景动机和远景动机。

近景动机与当下的学习活动直接关联，来源于对具体的学习内容或学习结果的兴趣，对学习行为的影响明显，但稳定性不够。远景动机与社会意义和个人前途相关联，对学习行为的影响具有较强的持续性和稳定性。进取学习者的动力来源往往既有近景动机也有远景动机。

(2) 根据动力来源划分，学习动机可以分为认知内驱力、自我提高内驱力和附属内驱力。

认知内驱力来源于对知识和技能的需要，这种动机指向学习任务本身，获得知识与技能是学习者学习的内部驱动力。自我提高内驱力来源于个体因为自己的胜任能力或工作能力赢得相应地位和自尊的需要，成功会带来自我的肯定，提高自尊水平，而失败则会威胁自尊。附属内驱力来源于获得或保持长者（如家长、教师等）的赞许和认可的需要。努力学习、积极进取的学生会被长者视为可爱的、有发展前途的人，从而受到种种优待。

进取学习者的学习行为常常受到多种学习动机的共同作用。志存高远（远景动机），对当前的学习内容感到有趣（近景动机），获得知识与技能（认知内驱力），实现自我价值（自我提高内驱力），获得老师的认可（附属内驱力）等，都会促进个体在学业上做出长期而刻苦地付出，表现出积极进取、刻苦钻研的学习特征。

三、进取学习对提升职业素养的意义

发展职业教育，提升学生职业素养，培养高素质的职业技能人才，是国家兴盛、民族崛起的基础。然而从职业技能的学习到熟练掌握工作技能再到成为大国工匠并非一朝一夕的事，个体需要付出巨大的努力。其中，进取学习的品质是促使一个人不断前行的动力，这一动力具体体现在以下方面。

1. 培养进取学习品质，提升职场抗挫能力

提升职业素养不仅包括理论学习，还包括技能实操、团队合作、技能竞赛等，要求个体具备一定的理解能力和动手操作能力。在学习的过程中，我们会遇到种种困难，会面临失败、竞争和淘汰，而这些挫折容易让我们陷入焦躁和迷茫之中，甚至会令部分人打退堂鼓，半途而废。这时，求学者需要的不仅是他人的帮助，自身的学习品质也尤为重要。当求学者具备进取学习的品质时，面对困难才不会退缩和放弃，而是迎难而上，主动寻求帮助，勇敢地面对挫折。

2. 培养进取学习品质，不断实现自我超越

职业素养的学习需要求学者精益求精，不断自我更迭，才能成长为大国工匠。生活上我们要知足常乐，学习上我们要不断进取。每一次训练，我们可以做到 60 分，仅仅完成任务，也可以做到 100 分，完美完成任务，甚至做到 120 分，超额完成任务。真正的

优秀者总是会超额完成任务。当他们完成了一项训练，短暂休息之后就会寻找下一个目标，再继续向前奔跑，以实现人生的理想。具备进取学习品质的人永远不会停止自己前进的脚步，不会满足于现状。

四、OKR 工作法①

在学习的过程中，我们常常会对学什么、怎么学感到手足无措，我们的学习是跟着老师依葫芦画瓢，老师的指挥棒指到哪儿，我们就走到哪儿，遇到困难容易放弃，缺乏不断完善职业技能的进取心。那么，如何最大限度地发挥我们的主观能动性呢？OKR 工作法或许可以帮到你。

1. OKR 工作法的定义

OKR 是英文 Objectives and Key Results 的缩写，O 即目标（Objectives），KR 即关键结果（Key Results）。目标就是你想要做的事情，关键结果就是衡量你是否做到了这件事情。目标必须要有挑战性，能够激励人心，而关键结果必须可以量化（时间和数量），学习者要定期复盘和调整 OKR，原则是目标不变，只调整关键结果。OKR 包括以下四个分支：OKR 当前的状态、本周关注的任务、未来四周的计划、状态指标。OKR 的结构如图 5－2 所示。

图 5－2 OKR 结构图

2. OKR 四象限图

对于技能竞赛的参赛者而言，OKR 既是一个很好的团队管理工具，可供团队合作比赛用，也是一个很好的激发个人主动学习的工具。图 5－3 为参加职业英语技能竞赛 OKR 象限图。

（1）第一象限：OKR 当前的状态，用关键结果激发进取心。OKR 设定的目标“O”要有挑战性，要振奋人心，不一定非常具象。而 KR 要可以量化，有时间节点和“效果价值”，每月的 KR 数量不要超过 5 个，这样才可以确保时间和精力花费在了重要的事情

① 陈利文. 地产销售 4.0 思维标准与技术要点［M］. 北京：中国经济出版社，2020. 有改编.

本周关注的任务

A1：每天在FIF上完成口语朗读，并完成英文产品介绍听力材料的听写、商业类文章的阅读和翻译。
A2：每天听、读、背、演TED演讲，完成一篇看图写作。
B1：本周开展讨论：就困难情境提出解决方案，或就主题各抒己见，每人提出1～3条想法。
B2：本周总结一份自己的学习进度和学习方法，准备7个英语故事，在微信公众号上发布。
B3：观看东方甄选英语直播，总结如何用英语直播推广带货的经验，每人总结5～8条。

OKR当前的状态

目标：获得市赛一等奖第一名
KR1：（input测试）本月的听力和阅读测试获得A+，能够大致听懂和读懂英文的产品介绍和广告。（5/10）
KR2：（output测试）本月的演讲和写作测试获得A+，能够像TED的演讲者一样表达自己的想法。（5/10）
KR3：（头脑风暴）本月组织一次无领导小组讨论，提高自身逻辑思维和辩证思维能力。（5/10）
KR4：（课外成就）课余坚持发微信公众号，分享英语学习方法或讲英语故事，争取本月阅读量超过1000，粉丝量超过1000，帮助同学解决英语学习方面的困惑。
KR5：（课外成就）本月组织一次面向全国观众的英语线上直播活动。（5/10）

未来四周的计划

落实学习操行分管理，进行汇报和排名，排名靠前的选手才有资格参加比赛。
准备好视、听、说学习材料。
落实讲师制度，轮流定期检查队员学习情况。
做好运营微信公众号和线上直播的组内分工。
落实末位淘汰制度。

状态指标

团队自主学习、自主管理。
教练引导和反馈。

图 5-3　参加职业英语技能竞赛 OKR 象限图

上。“5/10”是信心指数，表示“我有 50%的把握达成目标”。

（2）第二象限：本周关注的任务，用最小任务使学习落地。本周关注的任务是指为了推进目标，本周必须完成的事情。分解任务时一定要分解到可量化的、有时间节点的、依靠自己就可以独立完成并衡量绩效的最小执行单元。计划的制订者必须学会倒推，将结果分解成任务。指定任务时还要注意这些事情的优先级。图 5-3 中，A1、A2、B1 等代表任务的优先级。

（3）第三象限：未来四周的计划，与他人合作优化学习效果。未来四周的计划指需要长期的铺垫和准备，或者需要他人协助与合作的工作。

（4）第四象限：状态指标，在实践中提升职业素养。状态指标指可能影响到关键结果的其他指标，可以从专业、服务、精神状态等职业素养方面考虑。比如管理竞赛队，教练可以从角色分工的角度考察团队的运作情况。每周复盘整理时，状态指标好时，就把它标记为绿色，不好时就标记为红色，并着重思考状态变化的原因，及时作出调整。

3. OKR 工作法注意事项

（1）在 KR 的描述上，“效果价值”要展现愿景，能激励人心。

（2）定期复盘，通过每周、每月、每季度的会议复盘，实时追踪目标进度，及时调整 OKR，原则是目标不变，只调整关键结果。

（3）在 OKR 实施的前 28 天，教练要事事紧跟，确保每一项任务都在有条不紊地进行中，并选出队长和讲师团，培养学生干部的管理能力。

训练提升

课堂活动——我一定行

1. 活动道具

A4 纸一包。

2. 活动时间

20～30 分钟。

3. 活动规则

（1）每个同学拿一张 A4 纸，写上："我无法做到……""我无法克服……""我无法实现……"独立思考后将后面的话补充完整，所写的事项要具体、真实，符合学生身份。4～6 个人一个小组，每个同学在组内将自己所写的内容读 3 遍，引导同学体会此时的感受。

（2）每个同学在 A4 纸上将"无法"改成"不要"，其他内容不变："我不要做到……""我不要克服……""我不要实现……"在组内将自己所写的内容读 3 遍，引导同学体会并分享此时的感受。

（3）每个同学在 A4 纸上将"不要"改成"一定要"，其他内容不变："我一定要做到……""我一定要克服……""我一定要实现……"在组内将自己所写的内容读 3 遍，引导同学体会并分享此时的感受。

（4）每个同学在 A4 纸的反面写上自己应当怎么做才能将不可能变成可能。

4. 活动启示

生命的意义在于不断地学习、探索和进取。在前进的过程中，我们会遇到各种各样的困难和挫折。如果我们畏缩不前，不去挑战自己，在任何时候我们都难以获得成功。所以，我们一定要激发自身的内驱力，明确日后努力的方向，不断进取，追求上进。

户外拓展——穿对鞋，走好路

1. 场地要求

空旷的、无阻碍的室外场地。

2. 活动道具

学生自有的鞋子。

3. 活动时间

20～30 分钟。

4. 活动规则

（1）活动开始前，学生在起点线集合，脱下自己的一只鞋子，做好准备。

（2）教师一声令下，学生将自己的鞋子扔到尽可能远的地方，必须扔过终点线。

（3）教师一声令下，背景音乐响起，学生马上到终点区找一只鞋穿上，并走到起点区原地转五圈、跳五下。

（4）集体分享：

问题一：当你没有找到自己的鞋子时，你是什么反应？

问题二：当你穿别人的鞋子走、转、跳时，你是什么感受？

问题三：如果把鞋子比作学习或者生活中的一些事，你想到了什么？

问题四：如何找到适合自己的“鞋子”？

5. 活动启示

人生是自己的，路要靠自己走。父母、老师只是我们的引路人，未来的学习和生活还要我们自己主动进取，努力向前。我们必须要跑到前面，才有更多的选择权，选到适合自己的“鞋子”。如果我们慢慢吞吞、浑浑噩噩，得过且过的人生就像是穿了别人的鞋子，走每一步都不舒服。所以，我们要时刻怀有进取心，不断提升自己的职业素养，在自己的专业领域勇往直前，成为一个行家。

课后延伸

从保安员到校长：学习会让人上瘾

据媒体报道，北京大学在20年间先后有500多名保安员成功考学深造，实现了人生的逆袭。张俊成就是其中具有代表性的一位。

张俊成出生在一个小村庄，因为家庭贫穷，他的几个哥哥姐姐先后辍学，他也在初中毕业后辍学务农。为了减轻家里的经济负担，他来到北京做保安员，在职前培训中，他拿下多项考核第一名，最终被分到北京大学，成为北大的一名保安员。

有一次，几个无证外国人想闯入北大，张俊成不会英语，只能靠手势劝阻，最后对方齐刷刷地给了他一个大拇指朝下的手势。这件事强烈刺激了他的自尊心，让他产生了学习英语和参加成人高考的想法。为了争取更多的学习时间，他主动申请上夜班，每天只睡三四个小时，除了站岗，其他时间他几乎都在看书刷题，常常连吃饭都顾不上。功夫不负苦心人，后来他终于通过成人高考，考上北大法律系（专科）。

23岁那年，张俊成顺利毕业，成为家乡一家中职学校的老师。但他前进的步伐从未停止，经过多年的沉淀和学习，他在41岁那年创办了一所中等职业学校，担任校长。如今，他创办的学校已经在当地颇有名气。

从保安员到校长，起点低并不代表终点低，起点不能决定好坏，一场考试也不能决定一个人的命运，最终是靠你不安于现状、坚持不懈地努力来获得成功。

在学习中突破自己，超越自己

秦宁是胜利油田博士后科研工作站副总工程师，物探研究院首席专家。多年来，她为祖国找石油，脚踏实地、勤恳奉献、精益求精，始终坚守在石油勘探工作的一线。

博士毕业后，秦宁放弃了出国、留校的机会，选择了胜利油田勘探一线，为祖国找油。为了给岩体做CT，她常常背着馒头到野外的荒地，一走就是一整天。野外的条件非常艰苦，连个厕所都没有，到了冬天，即使穿着几层棉衣，零下几十度的气温也把人冻得嘴唇发紫。同事劝她在驻地等待，但她每次都坚持亲自上阵，因为她知道掌握现场需求才能精准把握攻关方向。

在物探领域，过去使用的都是外国商业软件，常常受制于人。外国公司的商业软件不仅价格高，而且禁止用户参与海外项目投标。这让她深刻明白：任何核心技术都是买不来、要不来、讨不来的，中国人要想挺直腰杆做勘探，就必须走自主研发之路。

为了攻克技术难题，秦宁查阅资料、咨询专家，经过不懈努力，成功设计了速度自动拾取软件，工作效率提高了两倍，节省了上千万元的软件购置费用。她带领团队不断调整方案，提出了新的水路双检融合技术，有效降低了成像深度误差。为了研发出高精度成像软件，她白天学习软件处理，晚上查阅文献，推导公式，编写代码，经常忙得忘了时间。

如今，秦宁自主研发的技术填补了行业空白，达到国际领先水平，中国人在这个领域再也不用担心被人卡脖子了。她用一步一个脚印的实干和奋力进取，保障了国家的能源安全。

人生的冠军

马龙，家喻户晓的乒乓球运动员，被广大球迷誉为“中国龙”。从2015年拿到第一个世锦赛男单冠军开始，马龙便开启了属于他的时代。

然而，成为冠军，登上奖台的高光背后是日复一日的勤奋和汗水，是一以贯之的严格和自律。当每个周末大家都在休息的时候，马龙还在训练，即便30个冲下旋击中29个，他依旧精益求精，毫不松懈。正所谓“天才不可怕，可怕的是天才比你更努力”。每天的训练他来得最早、走得最晚。一年四季的生活轨迹就是宿舍和训练馆两点一线。训练、治疗、粘球拍、换海绵，他十年如一日。即便受伤，腿不能动了，他也一边康复，一边练习，从来没有想过放弃，他相信自己的努力和坚持一定可以让自己重新站起来，再次回到赛场。

马龙曾经感慨：“当你身处深渊，退无可退的时候，眼前只剩下向上的一条路。”是啊！那些没有打败你的，只会让你更强大。当你为了梦想不断突破、不断前进的时候，你也已经成为人生的冠军。

我的职业素养心得

这节课，我收获了____

____

____

____

____

____

本章练习

一、选择题

1. 衡量沟通的效果，要站在（　　）的角度。

A. 表达者　　B. 旁观者　　C. 接收者　　D. 以上都是

2. 如果说了一遍，对方没听懂，应该（　　）。

A. 换一种方式重新说一遍　　B. 关心对方哪里没听懂

C. 那就不要说了　　D. 重复一遍

3. 沟通的目的是（　　）。

A. 为达成共识或取得一致行动　　B. 维护好人际关系

C. 达成自身的目的　　D. 帮助别人达成他的目的

4. 职场，鉴别沟通的有效性分两个层面：（　　）。

A. 耳听为虚；眼见为实　　B. 达成共识；维持关系

C. 外在，意见一致；内在，行为一致　　D. 外在，口径一致；内在，思路不同

5. 在企业中，以下关于沟通的说法，不正确的是（　　）。

A. 必须通过沟通明确组织的目标

B. 必须通过沟通让组织中的每个人达到上下同心

C. 对上需要通过沟通与领导达成共识，对下需要跟员工达成共识，还要通过沟通和横向部门达成共识

D. 仅靠你个人就能完成的事情上，无须与合作者沟通。

6. 高效执行力的标准是（　　）。

A. 行动快，方法不重要　　B. 反馈快，方法也要好

C. 心态好，效果不重要　　D. 行动快，效果不重要

7. 下面关于执行力的说法，正确的是（　　）。

A. 好的想法比执行力重要

B. 执行力是一个人获得成功的关键因素

C. 执行力是个人行为，不需要和其他人沟通

D. 每个人不同，不用都有好的执行力

8. 以下属于高效执行影响因素的是（　　）。

A. 缺乏计划性　　B. 习惯性拖拉

C. 过于追求完美　　D. 以上都是

9. 下列做法符合5分钟工作法原理的是（　　）。

A. 为了完成，一直工作不需要休息　　B. 不管什么任务，先做5分钟再说

C. 任务太难，不想开始执行　　D. 从最大任务开始

10. 关于“高效执行”时间管理，以下描述正确的是（　　）。

A. 不打折扣　　B. 不找借口

C. 做到最好　　D. 以上都是

11. 引起和维持个体的活动，并使活动朝向某一目标的内在心理过程或内部动力是（　　）。

A. 学习准备　　B. 需要　　C. 动机　　D. 兴趣

12. 需要层次论的提出者是（　　）。

A. 弗洛伊德　　B. 华生　　C. 马斯洛　　D. 罗杰斯

13. 个体要求理解事物、掌握知识、系统地阐述并解决问题的需要，称为（　　）。

A. 认知内驱力　　B. 自我提高内驱力

C. 附属内驱力　　D. 避免失败内驱力

14. 个体由自己的学业成就而获得相应的地位和威望的需要是（　　）。

A. 认知内驱力　　B. 自我提高内驱力

C. 附属内驱力　　D. 避免失败内驱力

15. 关于OKR工作法，以下描述正确的是（　　）。

A. OKR一旦设定就不可更改，直到下个周期开始

B. OKR一旦设定就必须完成，全部完成后无须调整

C. OKR的调整不仅是目标的调整，也包括关键结果的调整

D. 以上都不对

二、判断题

1. 职场沟通是一种可以修炼的技术。（　　）

2. 沟通的效果取决于接收者接收到的而非表达者表达的。（　　）

3. 与职场中的“行为怪异者”打交道的最佳策略是保持距离。（　　）

4. 接收者的情绪会对接收到的信息进行加工和扭曲。（　　）

5. 听出弦外之音是一种特殊能力，普通人根本做不到。（　　）

6. 执行力在学习工作中非常重要。（　　）

7. 拖延症是执行力的天敌。（　　）

8. 高效执行力是可以通过训练得到提升的。（　　）

9. 执行力没有那么重要，不需要刻意学习训练。(　　)

10. 职场中，要高效执行，首先要先制订计划。(　　)

11. 进取学习是影响学习成就的非智力因素。(　　)

12. 某学生自幼就有出国留学的愿望，为此他特别认真地学习英语，这属于远景动机。(　　)

13. 如果突然出现更重要的事，我也要按照原先的计划完成 OKR。(　　)

14. 进取学习与制定学习目标无关。(　　)

15. 学生努力学习是为了改变自己在班级中的排名，这种动机属于自我提高内驱力。(　　)

三、综合题

1. 小陈刚刚从名校管理学硕士毕业，担任某大型企业的制造部门经理。小陈一上任，就对部门进改造。小陈发现生产现场的数据很难及时反馈上来，于是决定从生产报表开始改造。借鉴跨国公司的生产报表，小陈设计了一份非常完美的生产报表，从报表中可以看出生产中的任何一个细节。

每天早上，所有的生产数据都会及时放在小陈的桌子上，小陈很高兴，认为他拿到了生产的第一手数据。没过几天，出现了一次大的品质事故，但报表上根本没有反映出来，小陈这才知道，报表的数据都是随意填写上去的。

为了这件事情，小陈多次开会强调认真填写报表的重要性。但每次开会，在开始几天可以起到一定的效果，但过不了几天又会返回原来的状态。小陈怎么也想不通出现这种情况的原因。

问题：请你根据所学的有效沟通技巧，给予小陈建议。

2. 有一个农夫一早起来，告诉妻子说要去耕田，当他走到 40 号田地时，却发现耕耘机没有油了；原本打算立刻要去加油的，突然想到家里的三四只猪还没有喂，于是转回家去；经过仓库时，望见旁边有一些马铃薯，他想起马铃薯可能正在发芽，于是又走进了马铃薯田；路途中经过木材堆，又记起家中需要一些柴火；正要去取柴的时候，看见了一只生病的鸡躺在地上……这样来来回回跑了几趟，这个农夫从早上一直到太阳落山，油也没加，猪也没喂，田也没耕……很显然，最后他什么事也没有做好。

问题：如果你是农夫，你会怎么做？

3. 志明是一名职校学生，上大学后，忽然感到心中茫然，学习没有动力，生活没有目标，有时候想到辍学在家的妹妹和年迈的父母，他也恨自己不争气，可他的确找不到奋斗的目标，学习上得过且过，生活上马马虎虎，漫无目的，上课打不起精神，他很清楚不是因为喜欢上网而荒废了学业，而是因为实在没劲才去上网聊天打游戏，他如何才能摆脱这种状态呢？

问题：请你根据学习动机理论，分析志明出现上述现象的原因，并给出你的建议。

参考文献

1. 李金亮，杨芳，周欣. 大学生职业生涯规划 [M]. 长沙：湖南教育出版社，2019.
2. 张明琴，张建伟. 职业生涯规划 [M]. 成都：电子科技大学出版社，2019.
3. 汤俪瑾. 自我实现的主体意识 [J]. 安徽电力职工大学学报，2000，5 (4)：18－20.
4. 陈利文. 地产销售 4.0 思维标准与技术要点 [M]. 北京：中国经济出版社，2020.
5. 俞国良. 心理健康自测与指导 [M]. 北京：高等教育出版社，2020.